可口营养的

儿童菜
1688

| 19道上菜率高的儿童菜 | + | 215道分龄营养食谱 | + | 281道功能食谱 | + | 515个营养小贴士 | + | 658个相宜相忌 |

中国美食烹饪大师
甘智荣
主编

黑龙江出版集团
黑龙江科学技术出版社

图书在版编目（ＣＩＰ）数据

可口营养的儿童菜1688 / 甘智荣主编. -- 哈尔滨：
黑龙江科学技术出版社，2016.9（2019.2重印）
ISBN 978-7-5388-8890-4

Ⅰ．①可… Ⅱ．①甘… Ⅲ．①儿童－保健－菜谱
Ⅳ．①TS972.162

中国版本图书馆CIP数据核字(2016)第180472号

可口营养的儿童菜1688

KEKOU YINGYANG DE ERTONGCAI 1688

主　　编	甘智荣	
责任编辑	徐　洋	
摄影摄像	深圳市金版文化发展股份有限公司	
策划编辑	深圳市金版文化发展股份有限公司	
封面设计	深圳市金版文化发展股份有限公司	
出　　版	黑龙江科学技术出版社	
	地址：哈尔滨市南岗区建设街41号　　邮编：150001	
	电话：（0451）53642106　传真：（0451）53642143	
	网址：www.lkcbs.cn　www.lkpub.cn	
发　　行	全国新华书店	
印　　刷	深圳市雅佳图印刷有限公司	
开　　本	723 mm×1020 mm　　1/16	
印　　张	27	
字　　数	530千字	
版　　次	2016年9月第1版	
印　　次	2019年2月第10次印刷	
书　　号	ISBN 978-7-5388-8890-4	
定　　价	39.80元	

PREFACE 序言

儿童的营养与健康是每一位孩子家长都非常关注的问题，从孕育孩子起，妈妈在为孩子的营养供给方面都是亲力亲为，扮演着重要的角色。当孩子出生后，宝宝踏上成长新阶段，此时爸爸妈妈要教会他们养成良好的饮食习惯，同时自己也要学会如何为孩子的成长提供科学营养的食谱。进入学龄期的儿童，生长发育非常迅速，对各种营养素的需求量相对高于成人，科学合理的营养不仅有益于他们的生长发育，对宝宝未来发展至关重要，将为他们日后的健康成长打下良好的基础。

如果在儿童的关键时期没有为他们提供足够的营养，便会导致各种营养不良症状的出现。轻度营养不良，精神状态尚且正常，但重度便有精神萎靡，反应差，体温偏低，无食欲，腹泻、便秘交替等症。长期重度营养不良可导致重要脏器功能损害，如心脏功能下降可有心音低钝、血压偏低、脉搏变缓、呼吸浅表等。由于营养不良的患儿免疫功能低下，故易患各种感染，如反复呼吸道感染、鹅口疮、肺炎、结核病、中耳炎、尿路感染等。

营养不足对儿童的生长不利，但并不意味着给儿童补充越多营养越好。相反，如果营养过剩同样也会影响儿童的生长发育。那么，如何给孩子补充营养，如何做出适合自己孩子的营养食谱呢？本书应运而生，将为父母们提供适合儿童的营养菜肴。

　　本书共分为四大部分。第一部分介绍儿童营养菜的基础知识，教会父母如何挑选食材，如何培养孩子良好的饮食习惯。第二部分介绍19款上桌率最高的儿童菜肴，让父母不再为孩子每天的食谱而担忧。第三部分中，我们按儿童年龄段划分为0~1岁婴儿、1~3岁幼儿、3~6岁学龄期儿童、6~12岁启蒙期儿童，针对各个年龄段的儿童营养需求和身体发育的状况，提供最适合的营养食谱，让父母在照顾孩子的时候更加得心应手。第四部分根据儿童成长需要，推荐多款功能食谱，包括健脑益智、开胃消食、明目护眼、增强免疫力、增高助长五个方面，让孩子吃得更健康，营养更全面，父母更放心。

　　本书以详细的步骤图教大家烹饪出适合自己孩子食用的营养食谱。在每道菜旁边都附有一个二维码，即使你不会做菜，只需拿出手机扫一扫，就可以跟着视频在线学做菜，轻松简单，一学就会。最后，祝福各位孩子健康茁壮成长。

CONTENTS 目录

PART 1 营养可口，儿童菜面面观

PART 2 上桌率最高的儿童菜

CONTENTS 目录

PART 3 儿童不同年龄段的营养食谱

CONTENTS 目录

CONTENTS 目录

PART 4 功能食谱助儿童茁壮成长

CONTENTS 目录

CONTENTS 目录

PART

1

营养可口，
儿童菜面面观

儿童是一个特殊的群体，其特殊性表现在他们正处于身体、大脑快速发育期。因此，充足、合理的营养对他们显得尤为重要。同时，孩子是父母的希望，是家庭的未来，让他们健康成长，又是每一位父母最关心和最在意的事情。孩子身体的成长发育离不开饮食，而饮食的优良则直接影响着他们的成长状况。

本章针对儿童在发育阶段的营养需求情况，向大家介绍如何挑选食材来做出营养全面的儿童菜。然后向大家介绍了儿童在日常饮食中常见的不良习惯以及在不同季节的饮食要点，供各位父母学习和借鉴。

选对食材，做营养全面的儿童菜

　　儿童的健康成长和发育，需要摄入均衡全面的营养。每一种食材的营养价值各有不同，因此，选对食材，再加以合理搭配才能做出适合儿童营养需求的菜肴。

• 谷类食物要常吃 •

　　在儿童的日常膳食中应该保证一定量的全谷类食物。食用多种全谷类食物，比如，大麦和燕麦可以供给可溶性纤维，而小麦和玉米则可以提供不溶性纤维，这些膳食纤维有助于宝宝建立正常排便规律，保持健康的肠胃功能，它能有效促进肠道蠕动，软化大便，有助减少宝宝便秘的发生，同时能促进肠道有益菌的生长，帮助肠道对抗有害菌，使宝宝肠道更健康。

　　谷类食物是人体能量的主要来源，也是我国传统膳食的主体，可为儿童提供糖类、蛋白质、膳食纤维和B族维生素等。

• 蔬菜不可缺少 •

　　蔬菜含有丰富的维生素、矿物质等多种营养物质，宝宝常吃大有益处。

　　生菜：生菜中含有大量的膳食纤维、B维生素、维生素C、维生素E，以及钙、磷、钾、钠、镁及少量的铜、铁、锌，是宝宝食物的绝佳选择。

　　茼蒿：茼蒿是一种营养成分比较全面的蔬菜，它含有丰富的维生素和较高量的钠、钾等矿物质。其胡萝卜素的含量也比较高，是黄瓜、茄子等蔬菜的1.5~30倍。茼蒿中含有特殊香味的挥发油，能宽中理气、消食开胃，适合厌食、挑食的宝宝食用。

豌豆：豌豆是一种营养性食物，含蛋白质23%~25%、糖类57%~60%、粗纤维45%，还含有多种矿物质、维生素及微量元素。特别是豌豆中的铜、铬等微量元素含量较多，铜有利于增进宝宝的造血功能，帮助骨骼和大脑发育；铬有利于糖和脂肪的代谢，能维持胰岛素的正常功能。

土豆：土豆的营养成分非常丰富，100克土豆蛋白质含量在2~2.5克，而且土豆的蛋白质质量好，接近动物性蛋白，它含有特殊的黏蛋白，不但有润肠作用，还有脂类代谢作用，能帮助胆固醇代谢。此外，土豆还含有多种维生素和矿物质，其中维生素C的含量比较高，钙、磷、镁、钾的含量也很高。

胡萝卜：胡萝卜营养价值很高，含有丰富的胡萝卜素，在蔬菜中名列前茅。胡萝卜素在小肠壁以及肝细胞中可转变为维生素A并供人体利用，正常人平时所需要的维生素A有70%是由胡萝卜素转变而来的。维生素A对皮肤和黏膜的完整性，提高免疫功能，防止呼吸道、泌尿道等器官感染，促进小儿生长发育，参与视网膜中感光物质的形成方面，具有重要的作用。

西红柿：西红柿含有20多种胡萝卜素，如α-胡萝卜素、β-胡萝卜素、叶黄素和玉米黄素，番茄红素占80%~90%。可以说，西红柿是番茄红素的天然仓库。此外，西红柿还含有丰富的维生素C和维生素E，能够增强宝宝的免疫力。

· 每天一个水果 ·

儿童自胎儿期至青春期的这个阶段，正是长身体和智力发育的关键时期。儿童需要通过吃适量水果来补充一些维生素、矿物质和膳食纤维等，以促进营养均衡，让身体得以健康发育。

蓝莓：蓝莓中花青素的含量在水果当中是最高的，花青素可以缓解眼睛疲劳、改善人的视力，保护眼睛。现在的儿童除了看书外，对电视、电脑、手机、IPAD更是着迷，这对儿童视力的伤害更是严重，因此，儿童要常食蓝莓。

番石榴：番石榴又称芭乐，其所含的钙、磷、铁等元素不仅能促进儿童身体发育，而且所含的微量元素对肥胖症有很好的疗效，这对于预防儿童肥胖症有良好的作用。

牛油果：牛油果又称为酪梨，因为外形像梨，外皮粗糙又像鳄鱼头，因此人们也常称其为鳄梨或油梨。果肉含有多种不饱和脂肪酸，所以有降低胆固醇的功效，另外牛油果所含的胡萝卜素、维生素E和维生素B_2，对眼睛有益，还有牛油果中的叶酸也非常丰富，这对儿童的大脑发育也是非常有帮助的。

· 常食适量的鱼、禽、蛋、瘦肉 ·

鱼、禽、蛋、瘦肉等动物性食物是优质蛋白质、脂溶性维生素和矿物质的良好来源。动物蛋白的氨基酸组成更适合人体需要，且赖氨酸含量较高，有利于补充植物蛋白中赖氨酸的不足。肉类中铁的利用较好，鱼类特别是海鱼所含不饱和脂肪酸有利于儿童神经系统的发育。动物肝脏含维生素A极为丰富，还富含维生素B_2、叶酸等。目前，我国农村有相当数量的学龄前儿童平均动物性食物的消费量还很低，应适当增加摄入量，但是部分大城市学龄前儿童膳食中优质蛋白比例已满足需要甚至过多，同时膳食中饱和脂肪的摄入量较高，谷类和蔬菜的消费量明显不足，这对儿童的健康不利。鱼、禽、瘦肉等含蛋白质较高、饱和脂肪较低，建议儿童可经常吃这类食物。

· 正确选择零食，少喝含糖高的饮料 ·

零食是学龄前儿童饮食中的重要内容，应科学对待、合理选择。零食是指正餐以外所进食的食物和饮料。对学龄前儿童来讲，零食是指一日三餐两点之外的添加的食物，用以补充不足的能量和营养素。学龄前儿童新陈代谢旺盛，活动量多，所以营养素需要量相对比成人多。水分需要量也大，建议学龄前儿童每日饮水量为1000～1500毫升。其饮品应以白开水为主。目前市场上许多含糖饮料和碳酸饮料含有葡萄糖、碳酸、磷酸等物质，因此，不宜过多地饮用这些饮料，否则不仅会影响孩子的食欲，使儿童容易发生龋齿，而且还会造成过多能量摄入，不利于儿童的健康成长。零食品种、进食量以及进食时间是需要特别考虑的问题。在零食选择时，建议多选用营养丰富的食品，如乳制品（液态奶、酸奶）、鲜鱼虾肉制品（尤其是海产品）、鸡蛋、豆腐或豆浆、各种新鲜蔬菜水果及坚果类食品等，少选用油炸食品、糖果、甜点等。

儿童饮食宜忌

对于正处于生长发育阶段的儿童，良好的饮食习惯是确保他们健康成长的关键。在饮食过程中，有哪些习惯是必须禁止的，哪些良好的习惯是需要继续保持的，作为家长应该熟知。

宜：饮食宜粗细搭配

儿童的饮食需讲究粗细搭配，因为粗粮可以提供细粮所不具备的营养成分，如赖氨酸和蛋氨酸，在粗粮中的含量远远高于细粮。赖氨酸是帮助蛋白质被人体充分吸收和利用的关键物质，只有补充足够的赖氨酸才能提高蛋白质的吸收和利用，达到均衡营养，促进生长发育。各种杂粮各有长处：小麦含钙高；小米中的铁和B族维生素较高。因此，儿童饮食应粗细搭配，获取更全面的营养。一般情况下一天宜吃一顿粗粮、两顿细粮。若将粗细粮搭配食用，如做成八宝粥、二米饭、豆沙包等，可使食物中的蛋白质成分互相补充，从而提高食物的营养价值，对儿童的成长发育非常有帮助。

宜：饮食宜清淡少盐

家长们在为儿童烹调加工食物时，宜清淡少盐，同时应尽可能保持食物的原汁原味，让孩子首先品尝和接纳各种食物的自然味道。为了保护儿童较敏感的消化系统，避免干扰或影响儿童对食物本身的感知和喜好、食物的正确选择和膳食多样的实现，预防偏食和挑食的不良饮食习惯，儿童的膳食应清淡、少盐、少油脂，并避免添加辛辣等刺激性物质和调味品。此外，儿童高血压、肥胖、高血脂、糖尿病现已成为儿童期最常见的"成人病"，发病率有上升趋势，主要与饮食结构不合理及不良饮食习惯有关。如小儿喜食口味重的、过咸、过甜、糖分高的食品。所以从小养成清淡少盐的饮食习惯，对儿童的健康大有益处。

宜：吃饭宜吃七分饱

儿童全身各个器官都处于稚嫩的阶段，它们的活动能力较为有限，消化系统更是如此。父母在给宝宝喂食时一定要把握好度，使宝宝能始终保持一个正常的食欲，以"七分饱"为最佳，这样既能保证生长发育所需营养，又不会因吃得太饱加重消化器官的工作负担。如果宝宝长期吃得过多，极易导致脑疲劳，造成大脑早衰，影响大脑的发育，智力偏低。此外，吃得过饱还会造成肥胖症，从而严重影响骨骼生长，限制宝宝身高发育。

宜：宜多吃新鲜蔬菜、水果

儿童由于身体发育的关系，对维生素的需求比较大，而大部分维生素不能在体内合成或合成量不足，必须依靠食物来提供。此时，家长们应鼓励学龄前儿童适当多吃蔬菜和水果。蔬菜和水果所含的营养成分并不完全相同，不能相互替代。在制备儿童膳食时，应注意将蔬菜切小、切细以利于儿童咀嚼和吞咽，同时还要注意蔬菜水果品种、颜色和口味的变化，引起儿童多吃蔬菜水果的兴趣。

宜：每天宜适量饮奶

奶类是一种营养成分齐全、组成比例适宜、易消化吸收、营养价值很高的天然食品。除含有丰富的优质蛋白质、维生素A、维生素B_1外，含钙量较高，且利用率也很好，是天然钙质的极好来源。儿童摄入充足的钙有助于增加骨密度，从而延缓其成年后发生骨质疏松的年龄。目前我国居民膳食提供的钙普遍偏低，因此，对处于快速生长发育阶段的学龄前儿童，应鼓励每日饮奶。学龄前儿童每日平均骨骼钙储留量为100～150毫克，学龄前儿童钙的适宜摄入量为800毫克/天。奶及奶制品钙含量丰富，吸收率高，是儿童最理想的钙来源。每日饮用300～600毫升牛奶，可保证学龄前儿童钙摄入量达到适宜水平。

宜：宜食用大豆及其制品

大豆富含优质蛋白质、不饱和脂肪酸、钙及维生素B_1、维生素B_2、烟酸等。为提高农村儿童的蛋白质摄入量及避免城市中由于过多消费肉类等带来的不利影响，建议常吃大豆及其制品。豆类及其制品尤其是大豆、黑豆含钙较丰富的钙。

忌：忌边吃饭边喝水

很多儿童有边吃饭边喝水的习惯。其实，这种习惯非常不好，因为这样会影响食物的消化吸收，增加胃肠负担，长此以往可引致胃肠道疾患，造成营养素缺乏。食物经口腔初加工消化成食团，送入胃肠进一步消化、吸收食物中的营养素。如果边吃饭边喝水，水会将口腔内的唾液冲淡，降低唾液对食物的消化作用；同时也易使食物未经口腔仔细咀嚼就进入胃肠，从而加重胃肠的负担。如喝水过多还会冲淡胃酸，削弱胃的消化功能。

忌：忌边吃饭边玩耍

玩是小孩子的天性，但切记不宜让小孩在吃饭的过程中玩耍，孩子玩的时候嘴里含着食物，很容易发生食物误入气管的情况，轻者出现剧烈的呛咳，重者可能导致窒息。另外，孩子含着小勺跑来跑去时如果摔倒，小勺可能会刺伤宝贝的口腔或咽喉。

进餐时，家长们应该让孩子坐在饭桌上吃饭，不要让孩子端着碗到处跑。吃饭的环境、地点固定，周围不要有干扰的情况，如走来走去的人群、开着的电视、好玩的玩具等。此外，吃饭要有规律，在孩子比较饥饿的时候开饭，这时孩子吃饭的兴趣会大大增加，持续时间也会长。

忌：忌偏食

儿童偏食是比较常见的饮食问题。表现为吃得少而慢，对食物不感兴趣、不愿尝试新食物、强烈偏爱某些质地或某些类型的食物等。现在不少独生子女存在喂养过度关注、饭桌上逼哄骗的紧张气氛。孩子在压迫气氛中进食，心理负担沉重、更加厌恶反感其挑剔的食物。

对于挑食的孩子应如同对待行为问题（比如反抗和逆反）一样，需要春风化雨，少给孩子压力。孩子挑食还有一个合理的科学解释，即宝宝的味蕾比我们的多（味蕾随着年龄的增长而减少），所以，嘴就更

刁，这可能是为什么宝宝不愿意吃辣的东西或者胡萝卜、西蓝花这样的蔬菜的原因。家长们要尽量把蔬菜做得更美味些。像甜椒、红薯、胡萝卜这样有甜味的菜，可能要比西蓝花更受孩子的欢迎。另外，家长要知道，和家里人一起吃饭的孩子，要比那些单独吃饭的孩子吃得更健康。

· 忌：忌吃高盐的食物 ·

百味盐为主，食盐可谓调味品中的老大。在现代膳食中，儿童钠盐摄入量逐渐增加，其中原因既有家庭一日三餐的盐超量，也有零食中含钠盐增多。近来，患上高血压的儿童越来越多，调查发现这些儿童在婴儿时期绝大多数经常吃过咸的食物。高盐饮食会使口腔唾液分泌减少，利于各种细菌和病毒在上呼吸道的繁殖；高盐饮食可能抑制黏膜上皮细胞的繁殖，使其丧失抗病能力。这些因素都会使上呼吸道黏膜抵抗疾病侵袭的作用减弱，加上孩子的免疫能力本身又比成人低，又容易受凉，各种细菌、病毒乘虚而入，导致感染上呼吸道疾病。

· 忌：忌吃太多零食 ·

面对市场上品种繁多、琳琅满目的儿童食品，有些家长的做法是只要孩子喜欢吃，不分时间、品种、多少以及孩子的消化、吸收能力，而一味满足他们的要求；而另一些家长则认为吃零食会影响孩子的生长发育，所以不给孩子买零食吃。以上两种做法均有些欠妥。孩子的零食既不能太多，也不能没有。

一般来说，早餐吃得简单且少，所以在上午为孩子补充少量能量较高的食品为宜，如蛋糕、饼干、花生、板栗、核桃、红枣等。午睡是不可少的，醒来后喝少量的温水，等孩子做游戏后，给孩子的零食应以水果为主。晚饭后不必补充什么零食，如果有条件喝一杯牛奶即可，但要注意喝完奶后玩一小会儿，漱漱口再入睡。家长需要注意的是，在一日三餐前的半小时给孩子喝20毫升的温开水，这样有助于增加孩子的食欲。如给饮料则应不含色素、咖啡因等，太甜时应加水冲淡，以免影响孩子的食欲及消化吸收。

儿童四季饮食要点

春、夏、秋、冬四季气候各不同，儿童的饮食也应随季节而变，每个季节儿童的饮食搭配也应各具特点。

● 春季饮食要点 ●

春天是万物生长的季节，也是孩子长身体的最佳时机，对于生机蓬勃、发育迅速的小儿来说，春天更应注意饮食调养，以保证其健康成长。

营养摄入丰富均衡，钙是必不可少的，应多给宝宝吃一些鱼、虾、鸡蛋、牛奶、豆制品等富含钙质的食物，并尽量少吃甜食、油炸食品及碳酸饮料，因为它们是导致钙质流失的"罪魁祸首"。蛋白质也是不可或缺的，鸡肉、牛肉、小米都是不错的选择。

早春时节，气温仍较寒冷，人体为了御寒要消耗一定的能量来维持基础体温。所以早春期间的营养构成应以高热量为主，除豆类制品外，还应选用芝麻、花生、核桃等食物，以便及时补充能量。由于寒冷的刺激可使体内的蛋白质分解加速，导致机体抵抗力降低而致病，因此，早春时节还需要注意给小儿补充优质蛋白质食品，如鸡蛋、鱼类、虾、牛肉、鸡肉、兔肉和豆制品等。上述食物中所含有的丰富的蛋氨酸具有增强人体耐寒性的功能。

春天气温变化较大，细菌、病毒等微生物开始繁殖，活动力增强，容易侵犯人体。所以在饮食上应摄取足够的维生素和无机盐。小白菜、油菜、青椒、西红柿、鲜藕、豆芽、柑橘、柠檬、草莓、山楂等新鲜蔬菜和水果含维生素C，具有抗病毒作用；胡萝卜、苋菜、油菜、雪里蕻、西红柿、韭菜、豌豆苗等蔬菜富含胡萝卜素，而动物肝、蛋黄、牛奶、乳酪、鱼肝油等动物性食品富含维生素A，具有保护和增强上呼吸道黏膜和呼吸器官上皮细胞的功能，从而可抵抗各种致病因素的侵袭。也可多吃含有维生素E的芝麻、包菜、花菜等食物，以增强人体免疫功能，增强机体的抗病能力。春天多风，天气干燥，妈妈一定要注意及时为宝宝补充水分。另外，还要注意尽量少让宝宝吃膨化食品和巧克力，以免上火；荔枝、橘子等温性水果也不宜食用过多。

春季患病或病后恢复期的小儿，可以清凉、素净、味鲜可口、容易消化的食物为主。可食用大米粥、冰糖薏米粥、赤豆粥、莲子粥、青菜泥、肉松、豆浆等。春季宝宝易过敏，所以饮食上需要特别注意，尤其是那些过敏体质的儿童更要小心食用海鲜、鱼虾等易引起过敏的食物。

• 夏季饮食要点 •

炎热的夏季，是人体能量消耗最大的季节。这时，人体对蛋白质、水、无机盐、维生素及微量元素的需求量有所增加，对于生长发育旺盛期的儿童更是如此。

首先是对蛋白质的需要量增加，夏季蛋白质分解代谢加快，并且汗液可以使大量微量元素及维生素丢失，使人体的抵抗力降低。在膳食调配上，要注意食物的色、香、味，多在烹调技巧上用心，使孩子增加食欲。可多吃凉拌菜、豆制品、新鲜蔬菜、水果等。夏季可以给孩子多吃一些具有清热去暑功效的食物，例如：苋菜、藕、绿豆芽、西红柿、丝瓜、黄瓜、冬瓜、菜瓜、西瓜等。尤其是西红柿和西瓜，既可生津止渴，又有滋养作用，另外还可选食豆类、瘦猪肉、牛奶、鸭肉、红枣、香菇、紫菜、梨等，以补充丢失的维生素。同时，由于夏季气温高，宝宝的消化酶分泌较少，容易引起消化不良或感染上肠炎等肠道传染病，需要适当地为宝宝增加食物量，以保证足够的营养摄入。最好吃一些清淡易消化、少油腻的食物，如黄瓜、西红柿、莴笋等含有丰富维生素C、胡萝卜素和无机盐等物质的食物。此外，豆浆、豆腐等豆制品，它们所含的植物蛋白最容易被宝宝吸收。多变换花样品种，以增进儿童食欲，在烹调时，鱼宜清炖，不宜用油煎炸，还可巧用调料来开味。

白开水是宝宝夏季最好的饮料。夏季宝宝出汗多，体内的水分流失也多，宝宝对缺水的耐受性比成人差，若有口渴的感觉时，其实体内的细胞已有脱水的现象了。脱水严重还会导致发热。宝宝从奶和食物中获得的水分约800毫升，但夏季宝宝应摄入1100～1500毫升的水。因此，多给宝宝喝开水非常重要，可起到解暑与缓解便秘的双重作用。由于天热多汗，机体内大量盐分随汗排出体外。缺盐使渗透压失衡，影响代谢，人易出现乏力、厌食等症。夏季适量补充盐分，不可过多或太少，切勿忽视。冷饮、冷食吃得过多，会冲淡胃液，影响消化，并刺激肠道，使蠕动亢进，缩短食物在小肠内停留的时间，影响孩子对食物中营养成分的吸收。特别是幼儿的胃肠道功能尚未发育健全，黏膜血管及有关器官对冷饮、冷食的刺激尚不适应，多食冷饮、冷食，会引起腹泻、腹痛及咳嗽等症状，甚至诱发扁桃体炎。

· 秋季饮食要点 ·

秋天，秋高气爽，五谷飘香，是气候宜人的季节。人体的消耗逐渐减少，食欲也开始增加。因此，家长可根据秋季的特点来调整饮食，使婴幼儿能摄取充足的营养，促进孩子的发育成长，补充夏季的消耗，并为越冬做准备。

金秋时节，果实大多成熟，瓜果、豆荚类蔬菜种类很多，鱼类、肉类、禽类、蛋类也比较丰富。秋季饮食构成应以防燥滋润为主。事实证明，秋季应多吃些芝麻、核桃、蜂蜜、蜂乳、甘蔗等。水果应多吃些雪梨、鸭梨。梨营养丰富，含有葡萄糖、果糖、维生素和矿物质，不仅是人们喜爱吃的水果，也是治疗肺热痰多的良药。

秋天，有利于调养生机、去旧更新。对素来体弱、脾胃不好、消化不良的小儿来说，可以吃一些具有健补脾胃的食品，如莲子、山药、扁豆、芡实、板栗等。鲜莲子可生食，也可做肉菜、糕点或蜜饯；干莲子营养丰富，能补中益气、健脾止泻。山药不但有丰富的淀粉、蛋白质、无机盐和多种维生素等营养物质，还含有多种纤维素和黏液蛋白，有良好的滋补作用。扁豆具有健脾化湿之功效。芡实是秋凉进补的佳品，具有滋养强壮的功效。板栗可与大米共煮粥，加糖食用，也可做板栗鸡块等菜肴，有养胃健脾、促进消化的作用。

秋季饮食要遵循"少辛增酸"的原则，即少吃一些辛辣的食物，如葱、姜、蒜、辣椒等，多吃一些酸味的食物，如广柑、山楂、橘子、石榴等。

此外，由于秋季较为干燥，饮食不当很容易出现嘴唇干裂、鼻腔出血、皮肤干燥等上火现象，因此家长们还应多给宝宝吃润燥生津、清热解毒及有助消化的水果蔬菜，如胡萝卜、冬瓜、银耳、莲藕、香蕉、柚子、甘蔗、柿子等。另外，及时为宝宝补充水分也是相当必要的，除日常饮用白开水外，妈妈还可以用雪梨或柚子皮煮水给宝宝喝，同样能起到润肺止咳、健脾开胃的功效。秋季天气逐渐转凉，是流行性感冒多发的季节，家长们要注意在日常饮食中让宝宝多吃一些富含维生素A及维生素E的食品，增强肌体免疫力，预防感冒。

冬季饮食要点

冬季气候寒冷，人体受寒冷气温的影响，机体的生理和食欲均会发生变化。因此，合理地调整饮食，保证人体必需营养素的充足，对提高幼儿的机体免疫功能是十分必要的。这期间，家长们需要了解冬季饮食的基本原则，从饮食着手，增强宝宝的身体抗寒和抗病力。

小儿冬天的营养应以增加热能为主，可适当多摄入富含糖类和脂肪的食物，还应摄入充足的蛋白质，如瘦肉、鸡蛋、鱼类、乳类、豆类及其制品等。这些食物所含的蛋白质不仅便于人体消化吸收，而且富含必需氨基酸，营养价值较高，可增加人体耐寒和抗病能力。

幼儿们冬季的户外活动相对较少，接受室外阳光照射时间也短，很容易缺乏维生素D。这就需要家长定期给宝宝补充维生素D，每周2~3次，每次400单位。同时，寒冷气候使人体氧化功能加快，维生素B_1、维生素B_2代谢也明显加快，饮食中要注意及时补充富含维生素B_1、维生素B_2的食物。维生素A能增强人体的耐寒力，维生素C可提高人体对寒冷的适应能力，并且对血管具有良好的保护作用。同时，有医学研究表明，如果体内缺少无机盐就容易产生怕冷的感觉，要帮助宝宝抵御寒冷，建议家长们冬季多让孩子摄取根茎类蔬菜，如胡萝卜、土豆、山药、红薯、藕及青菜等，这些蔬菜的根茎中所含无机盐较多。

冬天的寒冷可影响到人体的营养代谢。在日常饮食中可多食一些瘦肉、肝、蛋、豆制品和虾皮、虾米、海鱼、紫菜、海带等海产品，以及芝麻酱、豆制品、花生、核桃、赤豆、芹菜、橘子、香蕉等食物。冬季是最适宜滋补的季节，对于营养不良、抵抗力低下的儿童更宜进行食补，食补有药物所不能替代的效果。可选食粳米、籼米、玉米、小麦、黄豆、红豆、豌豆等谷豆类；菠菜、韭菜、萝卜、黄花菜等蔬菜；牛肉、羊肉、兔肉、鸡肉、猪肚、猪肾、猪肝及鳝鱼、鲤鱼、鲢鱼、鲫鱼、虾等肉食；橘子、椰子、菠萝、莲子、大枣等果品。此外，冬季的食物应以热食为主，以煲菜、烩菜、炖菜或汤菜等为佳。不宜给孩子多吃生冷的食物。生冷的食物不易消化，容易伤及宝宝脾胃，脾胃虚寒的孩子尤要注意。冬季热量散发较快，用勾芡的方法可以使菜肴的温度不会降得太快，如羹糊类菜肴。

PART 2

上桌率最高的儿童菜

常听很多父母抱怨说："我的宝宝吃饭习惯不好，边玩边吃，喜欢吃的就多吃一些，不喜欢吃就坚决不吃，并且弄不清他（她）到底要吃什么，我也不会做那种能引起宝宝注意且爱吃的食物。"其实，做一道宝宝爱吃的儿童菜并非那么难。

本章就向各位爸爸妈妈介绍了19款上桌率最高的，在儿童中最受欢迎的菜肴。同时，这些菜在色、香、味方面非常符合儿童的视觉、嗅觉要求，保证宝宝一看到就会勾起他们的食欲。

鸡蛋炒土豆泥

材料	土豆200克，西红柿85克，黄瓜70克，培根65克，熟鸡蛋1个	调料	盐少许，鸡粉2克，食用油适量

相宜	土豆+黄瓜　有利身体健康 土豆+牛肉　保持身体酸碱平衡	相克	土豆+柿子　导致消化不良 土豆+石榴　对身体不利

1.将去皮洗净的土豆切厚片；洗好的培根切丁；洗净的黄瓜、西红柿分别切小块；去壳的熟鸡蛋切开，取蛋白切小块。

2.蒸锅上火烧开，放入土豆片，蒸约20分钟，至食材熟软，取出蒸熟的土豆，放凉后倒入碗中，捣碎呈泥状。

3.用油起锅，倒入培根、黄瓜丁、西红柿、土豆泥，炒匀。

4.加入蛋白、盐、鸡粉，炒匀炒透，盛在碗中即可。

小贴士　土豆含有蛋白质、淀粉、粗纤维、B族维生素以及钙、磷、铁、钾、碘等营养成分，具有促进胃肠蠕动、抗衰老、益气调中、抗菌等作用。

藕粉糊

材料 藕粉120克

相宜
| 莲藕+猪肉 | 滋阴血、健脾胃 |
| 莲藕+鳝鱼 | 强肾壮阳 |

相克
| 莲藕+菊花 | 腹泻 |
| 莲藕+人参 | 药性相反 |

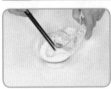 1.将藕粉倒入碗中，倒入清水，拌匀，调成藕粉汁。

 2.砂锅中注入清水烧开。

 3.倒入调好的藕粉汁，边倒边搅拌，至其呈糊状。

 4.略煮片刻，盛出煮好的藕粉糊即可。

小贴士 　　藕粉含有植物蛋白质、维生素、淀粉、铁、钙等营养成分，具有清热凉血、补益气血、健脾开胃、通便止泻等功效。

板栗冰糖粥

材料	水发稻花香米260克，板栗仁110克	调料	冰糖40克

相宜	大米+杏仁　治疗痔疮、便血 大米+红豆　有利营养的吸收	相克	大米+牛奶　破坏维生素A 大米+蜂蜜　引起胃痛

1.锅中注入清水，倒入板栗，煮至转色断生，把焯过水的板栗捞出。

2.砂锅注清水烧开，倒入水发大米、板栗，拌匀。

3.加盖，大火烧开后用小火煮45分钟。

4.揭盖，放入冰糖，搅匀，煮约3分钟至冰糖溶化，将煮好的粥盛出装入碗中即可。

小贴士　大米含有糖类、蛋白质、膳食纤维、烟酸、维生素E、维生素B$_1$、维生素B$_2$以及多种矿物质，具有补中益气、健脾养胃、益精强志等作用。

绿豆糊

材料	熟绿豆130克，水发大米120克	调料	白糖7克

相宜	绿豆+燕麦 可抑制血糖值上升 绿豆+南瓜 清肺、降糖	相克	绿豆+狗肉 易导致消化不良 绿豆+西红柿 易引起身体不适

 1.取榨汁机，把熟绿豆倒入榨汁机中，将绿豆榨成绿豆汁，把绿豆汁倒入碗中。

 2.锅中注水烧开，倒入水发好的大米，拌匀。

 3.煮30分钟至大米熟软，倒入绿豆汁，拌匀。

 4.煮10分钟至食材熟烂，放入白糖，拌匀，煮至白糖完全溶化，盛出煮好的米糊，装入碗中即可。

小贴士　绿豆含有蛋白质、糖类、膳食纤维、钙、铁、维生素B_1和维生素B_2等成分，幼儿食用绿豆能清热消暑、利尿消肿、润喉止咳、明目降压。

西红柿生鱼豆腐汤

材料	生鱼块500克，西红柿100克，豆腐100克，姜片、葱花各少许	调料	盐3克，鸡粉3克，料酒10毫升，胡椒粉少许，食用油适量

相宜	生鱼+豆腐　促进营养吸收 生鱼+西红柿　增强食欲、营养全面	相克	生鱼+牛奶　对身体不利 生鱼+茄子　同食有损肠胃

1.洗净的豆腐切成块；洗好的西红柿切成瓣。

2.用油起锅，放入姜片、生鱼块，煎出香味。

3.加入料酒、开水、盐、鸡粉、西红柿、豆腐，煮3分钟至入味。

4.放入胡椒粉，拌匀，盛出煮好的汤料，装入碗中，撒入葱花即可。

小贴士　生鱼是一种高蛋白、低脂肪的滋补食品，其含有蛋白质、钙、钾及多种有机酸等营养成分，有行水利尿、健脾消肿、安胎通乳、清热解毒、止咳下气等功效。

玉米粒炒杏鲍菇

材料	杏鲍菇120克，玉米粒100克，彩椒60克，蒜末、姜片各少许	调料	盐3克，鸡粉2克，白糖少许，料酒4毫升，水淀粉、食用油各适量

相宜	玉米+花菜　健脾益胃、助消化 玉米+大豆　营养更均衡	相克	玉米+田螺　对身体不利 玉米+红薯　易造成腹胀

1.将洗净的杏鲍菇切切小丁块；洗净的彩椒切成丁。

2.锅中注水烧开，加盐、食用油、玉米粒，煮约1分钟；倒入杏鲍菇，略煮一会儿；放入彩椒丁，煮至食材断生后捞出，沥干水分。

3.用油起锅，放入姜片、蒜末，爆香，倒入焯过水的食材，炒匀。

4.加入料酒、盐、鸡粉、白糖、水淀粉，炒匀，盛出炒好的食材，装入盘中即成。

小贴士　　玉米含有蛋白质、膳食纤维、胡萝卜素、维生素E及钙、铁、铜、锌、镁等营养成分，有开胃益智、宁心活血的功效。

核桃花生猪骨汤

材料	花生75克，核桃仁70克，猪骨块275克	调料	盐2克

相宜	花生+红酒　保护心血管 花生+菊花　清热解毒、凉血止血	相克	花生 + 黄瓜　腹泻 花生 + 螃蟹　腹泻

1.锅中注入清水烧开，放入洗净的猪骨块，氽煮片刻，捞出氽煮好的猪骨块，沥干水分。

2.砂锅中注入清水烧开，倒入猪骨块、花生、核桃仁，拌匀。

3.加盖，大火煮开后转小火煮1小时至熟。

4.揭盖，加入盐，搅拌片刻至入味，盛出煮好的汤，装入碗中即可。

小贴士	花生含有蛋白质、卵磷脂、糖类、维生素B₂、钙、磷、铁等营养成分，具有润肺化痰、滋养调气、利水消肿、滑肠润燥等功效。

核桃黑芝麻豆浆

材料	水发黄豆50克，核桃仁、黑芝麻各15克	调料	白糖10克

相宜	黄豆+香菜 黄豆+胡萝卜	健脾宽中、祛风解毒 有助骨骼发育	相克	黄豆+虾皮 黄豆+猪肉	影响钙的消化吸收 影响猪肉的营养吸收

 1.将已浸泡8小时的黄豆倒入碗中，加入清水，洗干净，倒入滤网，沥干水分。

 2.把洗好的黄豆、黑芝麻、核桃仁倒入豆浆机中，注入清水，至水位线即可。

 3.盖上豆浆机机头，选择"五谷"程序，开始打浆，待豆浆机运转约15分钟，即成豆浆。

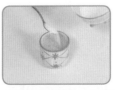 4.把煮好的豆浆倒入滤网，滤取豆浆，倒入杯中，加入白糖，拌匀，用汤匙捞去浮沫，待稍微放凉后即可饮用。

小贴士　　黄豆富含蛋白质，含有多种人体必需的氨基酸，可增强人体免疫力。黄豆还含有人体必需的钙、磷、铁等多种矿物质，可强健大脑，促进儿童生长发育。

核桃枸杞炒虾仁

材料	虾仁80克，胡萝卜150克，黄瓜180克，核桃仁35克，枸杞5克，姜片、葱段各少许	调料	盐3克，鸡粉3克，生粉2克，白糖2克，料酒、水淀粉、食用油各适量

相宜	核桃+鳝鱼　降低血糖 核桃+红枣　美容养颜	相克	核桃+黄豆　引发腹痛、腹胀、消化不良 核桃+甲鱼　对身体不利

 1.洗净的虾仁去虾线；胡萝卜切条；洗净的黄瓜切丁；把虾仁装入碗中，加1克盐、1克鸡粉、生粉、食用油，拌匀，腌渍10分钟。

 2.热锅注油，放入核桃仁，滑油片刻，捞出；放入虾仁，滑油至变色，捞出。

 3.另起锅，注入适量清水烧开，放入1克盐、白糖、胡萝卜、黄瓜，拌匀，煮约1分钟，捞出食材。

 4.起油锅，放入姜片、葱段、胡萝卜、黄瓜，炒匀，加入料酒、虾仁、1克盐、2克鸡粉、水淀粉，拌匀，盛出装盘，撒上枸杞、核桃仁即可。

小贴士　核桃仁含有蛋白质、不饱和脂肪酸、维生素E、钙、镁、硒等营养成分，具有健脑益智、健胃、补血、润肺、安神等功效。

核桃腰果莲子煲鸡

材料	鸡肉块300克，水发莲子35克，核桃仁20克，红枣25克，腰果仁30克，陈皮8克，鲜香菇45克	调料	盐少许

相宜	鸡肉+枸杞　补五脏、益气血 鸡肉+人参　止渴生津	相克	鸡肉+芹菜　易伤元气 鸡肉+大蒜　引起消化不良

 1.锅中注入清水烧开，倒入洗净的鸡肉块，氽煮约2分钟，去除血渍，再捞出材料，沥干水分。

 2.砂锅中注入清水烧热，倒入氽好的鸡肉块，放入洗净的香菇。

 3.撒上红枣、核桃仁、莲子、陈皮和腰果仁，拌匀、搅散。

 4.煮约120分钟，至食材熟透，加入盐，拌匀，盛出煮好的鸡汤，装在碗中，稍微冷却后享用即可。

小贴士　　鸡肉含有蛋白质、维生素A、维生素E、铁、磷、钾、锌等营养元素，具有补中益气、增强免疫力、美容养颜等功效。

红枣芋头汤

材料	去皮芋头250克，红枣20克	调料	冰糖20克

相宜	芋头+红枣　补血养颜 芋头+鲫鱼　治疗脾胃虚弱	相克	芋头+香蕉　引起腹胀

 1.洗净的芋头切厚片，切粗条，改切成丁。

 2.砂锅注水烧开，倒入切好的芋头。

 3.放入洗好的红枣，续煮15分钟至食材熟软。

 4.倒入适量冰糖，搅拌至溶化，盛出煮好的甜品汤，装碗即可。

小贴士　芋头含有蛋白质、淀粉、维生素C、B族维生素、钙、磷、铁等营养物质，具有益胃、解毒、补中益气、保肝护肾、益胃健脾等功效。

西红柿炒山药

材料	去皮山药200克，西红柿150克，大葱10克，大蒜5克，葱段5克	调料	盐、白糖各2克，鸡粉3克，水淀粉、食用油各适量

相宜	西红柿+芹菜　降压、降脂 西红柿+鸡蛋　抗衰老	相克	西红柿+鱼肉　不利于营养吸收 西红柿+南瓜　降低营养

1.将去皮洗净的山药切块；西红柿切小瓣；大蒜切片；大葱切段。

2.锅中注水烧开，加1克盐、食用油，倒入山药，煮至断生后捞出。

3.用油起锅，倒入大蒜、大葱、西红柿、山药，炒匀。

4.加1克盐、白糖、鸡粉，炒匀；倒入水淀粉勾芡；加入葱段，翻炒至熟即可。

小贴士　西红柿含有番茄红素、膳食纤维、维生素C、钙、铁、硒等营养成分，具有美容养颜、促进新陈代谢、延缓衰老等功效。

燕麦南瓜泥

材料	南瓜250克，燕麦55克	调料	盐少许

相宜	南瓜+牛肉　补脾健胃 南瓜+芦荟　美白肌肤	相克	南瓜+羊肉　易引发腹胀、便秘 南瓜+带鱼　不利于营养物质的吸收

 1.将去皮洗净的南瓜切片；燕麦装入碗中，加入清水浸泡一会儿。

 2.蒸锅置于旺火上烧开，放入南瓜、燕麦，蒸5分钟至燕麦熟透，将蒸好的燕麦取出，待用。

 3.继续蒸5分钟至南瓜熟软，取出蒸熟的南瓜。

 4.取玻璃碗，将南瓜倒入其中，加入适量盐、燕麦，搅拌1分钟至成泥状，将做好的燕麦南瓜泥盛入另一个碗中即可。

小贴士　南瓜含有多种氨基酸，其中有8种是人体所必需的，还有幼儿所需的组氨酸。它所含的亚麻油酸、卵磷脂等能够促进婴幼儿大脑的发育和骨骼的发育。此外，南瓜富含的糖、淀粉、磷、铁，还可以给宝宝补血，防止缺铁性贫血的出现。

鲜虾蛋粥

材料	虾仁40克，鸡蛋1个，菠菜40克，水发大米120克，葱花少许	调料	盐2克，鸡粉2克，水淀粉2毫升，胡椒粉少许，食用油适量

相宜	虾仁+燕麦　有利牛磺酸的合成 虾仁+香菜　补脾益气	相克	虾仁+红枣　对身体不利 虾仁+百合　降低营养

1.将洗净的菠菜切粒；虾仁去除虾线，切丁，装入碟中，放1克盐、1克鸡粉、水淀粉，拌匀，腌渍10分钟；鸡蛋打入碗中，调匀。

2.锅中注入清水烧开，倒入大米，拌匀，煮30分钟至大米熟软。

3.倒入虾肉、菠菜，拌匀，煮至熟软。

4.加入1克盐、1克鸡粉、胡椒粉、蛋液，拌匀，煮至沸，将煮好的粥盛出，装入碗中，将葱花撒在粥上即可。

小贴士	虾仁营养丰富，其蛋白质含量是鱼、蛋、奶的几倍到几十倍。此外，虾仁还富含维生素A、钾、碘、镁、磷等营养成分，具有健脑、养胃、润肠等保健作用，而且虾仁肉质松软、易消化，对婴幼儿有补益功效。

手撕茄子

材料	茄子段120克，蒜末少许	调料	盐、鸡粉各2克，白糖少许，生抽3毫升，陈醋8毫升，芝麻油适量

相宜	茄子+黄豆 通气、顺肠、润燥消肿 茄子+苦瓜 清心明目	相克	茄子+蟹 郁积腹中、伤害肠胃 茄子+墨鱼 引起腹泻

 1.蒸锅上火烧开，放入洗净的茄子段，盖上盖，用中火蒸约30分钟，取出。

 2.待茄子放凉后撕成细条状，装在碗中。

 3.加入盐、白糖、鸡粉，淋上生抽。

 4.注入陈醋、芝麻油，撒上备好的蒜末，搅拌至食材入味即可。

小贴士 茄子含有维生素C、维生素P、水苏碱、胆碱、钙、磷、铁等营养成分，具有清热活血、美容、抗衰老、保护血管等功效。

萝卜芋头蒸鲫鱼

材料	净鲫鱼350克，白萝卜200克，芋头150克，豆豉35克，姜末、蒜末各少许，姜片、葱段、干辣椒各适量，葱丝、红椒丝、姜丝、花椒各少许	调料	盐4克，白糖少许，生抽3毫升，料酒6毫升，食用油适量

相宜	鲫鱼+黑木耳　润肤、抗衰老 鲫鱼+花生　　利于营养吸收	相克	鲫鱼+葡萄　导致肠胃不适 鲫鱼+猪肉　不利营养的吸收

1.白萝卜去皮洗净切细丝；芋头去皮洗净切片；豆豉切碎；洗净的鲫鱼切上花刀，加2克盐、料酒，在刀口处塞入姜片，腌渍约15分钟。

2.用油起锅，倒入豆豉、干辣椒、姜末、蒜末、葱段、生抽、2克盐、白糖，炒匀，盛出材料，装在味碟中，制成酱菜。

3.取蒸盘，放入萝卜丝、芋头片、鲫鱼、酱菜；炒锅注水烧热，放上蒸笼，放入蒸盘，蒸至食材熟透，取出，撒上葱丝、红椒丝和姜丝。

4.用油起锅，放入花椒，炸出香味，盛出，浇在菜肴上即可。

小贴士	鲫鱼肉质细嫩，营养价值较高，含有蛋白质、维生素A、维生素B_1、维生素B_2以及钙、磷、铁等矿物质，具有和中补虚、除虚赢、健脾养胃、补中生气等功效。

冬瓜黄豆淮山排骨汤

材料	冬瓜250克，排骨块300克，水发黄豆100克，水发白扁豆100克，党参30克，淮山20克，姜片少许	调料	盐2克

相宜	排骨+西洋参　滋养生津 排骨+洋葱　　抗衰老	相克	排骨+甘草　对身体不利 排骨+橘子　阻碍钙质吸收

1.将洗净的冬瓜切成小块，待用。

2.锅中注入清水烧开，倒入排骨块，氽煮片刻，捞出氽煮好的排骨块，沥干水分。

3.砂锅中注入清水，倒入排骨块、冬瓜、黄豆、白扁豆、姜片、淮山、党参，搅拌均匀。

4.煮2小时至有效成分析出，加入盐，搅拌至入味，盛出煮好的汤，装入碗中即可。

小贴士	排骨含有钾、磷、钠、镁、胆固醇、蛋白质、脂肪、维生素B₁、维生素E及烟酸等营养成分，具有益气补血、滋阴壮阳、增强免疫力等功效。

松子炒丝瓜

材料	胡萝卜片50克，丝瓜90克，松仁12克，姜末、蒜末各少许	调料	盐2克，鸡粉、水淀粉、食用油各适量

相宜	丝瓜+青豆　预防口臭、便秘 丝瓜+菊花　清热养颜、净肤除斑	相克	丝瓜+菠菜　易引起腹泻 丝瓜+芦荟　易引起腹泻

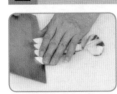

1.将洗净去皮的丝瓜对半切开，切长条，改切成小块。

2.锅中注入清水烧开，加入食用油、胡萝卜片，煮半分钟，倒入丝瓜，续煮片刻，至其断生，捞出焯煮好的胡萝卜和丝瓜，沥干水分。

3.用油起锅，倒入姜末、蒜末、胡萝卜、丝瓜，拌炒一会儿。

4.加入盐、鸡粉，炒匀至全部食材入味，倒入水淀粉，将炒好的菜肴盛入盘中，再撒上松仁即可。

小贴士　丝瓜含有防止皮肤老化的维生素B$_1$和增白皮肤的维生素C，能保护皮肤，淡化斑块，使皮肤洁白、细嫩，是不可多得的美容佳品。

慈姑炒藕片

材料	慈姑130克，莲藕180克，彩椒50克，蒜末、葱段各少许	**调料**	蚝油10克，鸡粉2克，盐2克，水淀粉5毫升，食用油适量

相宜	莲藕+猪肉　滋阴血、健脾胃 莲藕+生姜　止呕	**相克**	莲藕+菊花　易导致腹泻 莲藕+人参　属性相反

 1.洗净的慈姑去蒂，切片；洗好的彩椒切小块；洗净去皮的莲藕切片。

 2.锅中注入清水烧开，放盐、鸡粉、食用油，倒入莲藕、慈姑、彩椒，拌匀，煮1分钟至断生，把焯好水的食材捞出，沥干水分。

 3.用油起锅，倒入备好的蒜末、葱段、莲藕、慈姑、彩椒，炒匀。

 4.加入蚝油、鸡粉、盐、水淀粉，炒匀，将炒好的食材盛出，装入盘中即可。

小贴士	莲藕富含淀粉、蛋白质、B族维生素、维生素C及钙、磷、铁等多种矿物质。莲藕中含有黏液蛋白和膳食纤维，能与人体内的盐，食物中的胆固醇及三酰甘油结合，促使其排出体外，从而达到降低血压的效果。

PART

3

儿童不同年龄段的
营养食谱

　　不同的年龄段，儿童的营养需求不一样。所以，在不同的年龄应为儿童准备对应的食谱。婴幼儿的主要生理特点是生长发育，为此，食谱要富有营养和易于消化，不宜粗硬或油炸。进入学龄期的儿童生长发育较快，大脑活动激烈，智力发育迅速，因而供给足够的合理的营养显得十分重要。

　　本章我们将儿童划分为0~1岁婴儿、1~3岁幼儿、3~6岁学龄期儿童、6~12岁启蒙期儿童。针对儿童不同年龄段的生理特点和营养需求，为其提供最适合的营养食谱。

甜南瓜稀粥

材料	米碎60克，南瓜75克

相宜	南瓜+牛肉　补脾健胃、解毒止痛 南瓜+莲子　降低血压	相克	南瓜+辣椒　破坏维生素C 南瓜+黄瓜　影响维生素的吸收

1.洗好去皮的南瓜切成小块，待用。

2.把南瓜块装入蒸盘中，放入烧开的蒸锅，蒸20分钟至其熟软，取出南瓜，放凉后压碎，碾成泥。

3.砂锅中注入适量清水烧开，倒入米碎，搅散，煮20分钟至熟。

4.倒入南瓜泥，搅匀，使其与米粥混合均匀，盛出煮好的南瓜稀粥即可。

小贴士	南瓜含有胡萝卜素、维生素、果胶、钴、锌、钾等营养成分，具有维持正常视力、促进骨骼发育、清热解毒等功效。

南瓜泥

材料 南瓜200克

相宜			相克		
南瓜+芦荟	美白肌肤		南瓜+鲤鱼	对身体不利	
南瓜+山药	提神补气		南瓜+油菜	破坏维生素C	

1.洗净去皮的南瓜切成片，放入蒸碗中。

2.蒸锅上火烧开，放入装好食材的蒸碗。

3.蒸15分钟至熟，取出蒸碗，放凉。

4.取大碗，倒入蒸好的南瓜，压成泥，另取小碗，盛入做好的南瓜泥即可。

小贴士 南瓜含有膳食纤维、胡萝卜素、维生素、锌、钙、磷等营养成分，具有健脾养胃、保护视力等功效。

嫩南瓜糯米糊

材料

材料 糯米粉40克，嫩南瓜55克

相宜
南瓜+山药　提神补气
南瓜+绿豆　清热解毒、生津止渴

相克
南瓜+虾　引起腹泻、腹胀
南瓜+黄瓜　影响维生素的吸收

1.将洗净的嫩南瓜去皮、去瓜瓤，再切丝，改切成丁。

2.锅置火上，放入切好的嫩南瓜，拌匀，至其变软。

3.倒入糯米粉、清水，调匀，盛出，滤在碗中，制成米糊。

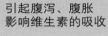

4.另起锅，倒入米糊，煮约6分钟，边煮边搅拌，至食材成浓稠的糊状，盛出，装碗中即可。

小贴士
南瓜含有膳食纤维、胡萝卜素、维生素C、维生素D以及钙、磷、铁、锌等营养成分，具有保护胃黏膜、促进消化、补充钙质、强壮筋骨等作用。

土豆红薯泥

材料	熟土豆200克，熟红薯150克，蒜末、葱花各少许	调料	盐2克，鸡粉2克，芝麻油适量

相宜	土豆+黄瓜　有利身体健康 土豆+豆角　除烦润燥	相克	土豆+石榴　对身体不利 土豆+柿子　导致消化不良

 1.将熟土豆、熟红薯装入保鲜袋中，用擀面杖将其擀制碾压成泥状。

 2.将泥状食材装入碗中，用筷子打散。

 3.加入备好的蒜末，用筷子搅拌均匀。

 4.加入盐、鸡粉、芝麻油，拌匀，将拌好的食材装入碗中，撒上葱花即可。

小贴士　　土豆具有和胃调中、健脾益气、补血强肾等多种功效。土豆富含维生素、钾、纤维素等，可预防癌症和心脏病，帮助通便，并能增强机体免疫力。

土豆稀粥

材料 米碎90克，土豆70克

相宜
土豆+牛肉　酸碱平衡
土豆+牛奶　提供全面营养素

相克 土豆+香蕉　不利于健康

1.将洗净去皮的土豆切成小块，待用。

2.将土豆块放在蒸盘中，蒸锅上火烧开，放入装有土豆的蒸盘，蒸20分钟至土豆熟软，取出放凉，碾成泥状。

3.砂锅中注入清水烧开，倒入米碎，拌匀，煮20分钟至米碎熟透。

4.倒入土豆泥，拌匀，继续煮5分钟，盛出煮好的稀粥，装碗即成。

小贴士 大米含有蛋白质、糖类、维生素B$_1$、维生素B$_2$、钙、磷、镁、钾等营养成分，具有补中益气、通便排毒等功效。

地瓜糊

材料	红薯丁80克，粳米粉65克		

相宜	红薯+大米　促进消化	相克	红薯+柿子　肠胃出血 红薯+鸡蛋　不消化，易腹痛

1.将粳米粉放在碗中，加入清水、红薯丁，搅匀，制成红薯米糊。

2.奶锅中注入水烧热，倒入红薯米糊，搅匀，煮至食材熟软，盛入碗中。

3.备好榨汁机，倒入红薯米糊，选择"榨汁"功能，待机器运转约40秒，搅碎食材，倒出榨好的红薯米糊，装在碗中。

4.奶锅置于旺火上，倒入红薯米糊，用勺子拌匀，煮沸，盛入碗中，稍微冷却后食用即可。

小贴士　红薯含有淀粉、果胶、纤维素、维生素及多种矿物质，具有补虚、健脾开胃、强肾、增强免疫力等作用。

奶香土豆泥

材料	土豆250克，配方奶粉15克

相宜	土豆+黄瓜 有利身体健康 土豆+牛肉 酸碱平衡	相克	土豆+石榴 对身体不利

1.将适量开水倒入配方奶粉中，搅拌均匀。

2.洗净去皮的土豆切成片，待用。

3.蒸锅上火烧开，放入土豆，蒸30分钟至其熟软，将土豆取出，用刀背将土豆压成泥，放入碗中。

4.再将调好的配方奶倒入土豆泥中，拌匀，将做好的土豆泥倒入碗中即可。

小贴士：配方奶粉营养全面，婴儿容易消化吸收，有助于预防婴儿缺铁性贫血，维持宝宝胃肠道正常功能，减少腹泻和便秘，增强免疫力，让宝宝少生病。

橘子稀粥

材料 水发米碎90克，橘子果肉60克

相宜
橘子+生姜　治疗感冒
橘子+玉米　有利于吸收维生素

相克
橘子+白萝卜　引发甲状腺肿病
橘子+兔肉　　导致腹泻，损害肠胃

1.取榨汁机，放入橘子肉、温开水，选择"榨汁"功能，榨取果汁，倒出果汁，滤入碗中。

2.砂锅中注入清水烧开，倒入洗净的米碎，拌匀。

3.盖上盖，烧烤后用小火煮约20分钟至其熟透。

4.揭盖，倒入橘子汁，拌匀，煮约2分钟至沸腾，盛出煮好的橘子稀粥即可。

小贴士
　　橘子含有糖类、柠檬酸、枸橼酸、果胶、胡萝卜素、纤维素及矿物质，具有开胃理气、止渴、润肺等功效。

木瓜炖奶

材料	木瓜1个，牛奶80毫升	调料	白糖60克

相宜	牛奶+木瓜	通便排毒	相克	牛奶+韭菜	影响人体对钙的吸收
	牛奶+火龙果	解毒功效		牛奶+菠萝	引起腹泻

 1.木瓜选一侧作为底座，切平整，另一侧切开一个盖子，待用。

 2.用勺子将木瓜瓤挖掉，制成木瓜盅，把牛奶倒入木瓜盅内。

 3.放入白糖，盖上盖子，制成生坯。

 4.把生坯放入烧开的蒸锅，炖15分钟，取出即可。

 小贴士

　　牛奶中的镁元素会促进心脏和神经系统的耐疲劳性，保证婴儿健康成长；牛奶还能润泽肌肤，经常饮用可使皮肤白皙光滑，增加弹性。

核桃糊

| 材料 | 米碎70克，核桃仁30克 |

| 相宜 | 核桃仁+鳝鱼 降低血糖
核桃仁+红枣 美容养颜 | 相克 | 核桃仁+白酒 易导致血热
核桃仁+黄豆 易引发腹痛、腹胀 |

1.取来榨汁机，倒入米碎、清水，盖好盖子，搅拌片刻，取出拌好的米碎，制成米浆。

2.把洗好的核桃仁放入上述的榨汁机中，注入清水，盖上盖子，搅拌片刻，倒出拌好的核桃仁，制成核桃浆。

3.汤锅置于火上加热，倒入核桃浆。

4.放入米浆，拌匀，续煮片刻至食材熟透，盛出煮好的核桃糊，放在小碗中即可。

小贴士

　　核桃仁营养价值极高，含有脂肪油、蛋白质、胡萝卜素、维生素、钙、磷、铁、镁、锌等成分，有温肺定喘的作用。幼儿食用核桃仁，对小儿咳嗽等症有食疗作用。

牛奶紫薯泥

材料 配方奶粉15克，紫薯150克

相宜
紫薯+大米　促进营养吸收
紫薯+牛奶　营养全面

相克
紫薯+柿子　容易导致肠胃不适
紫薯+鸡蛋　导致消化不良

1.洗净去皮的紫薯切成滚刀块，待用。

2.蒸锅上火烧开，放入紫薯块，蒸30分钟至其熟软，取出紫薯。

3.把放凉的紫薯放在砧板上，用刀按压成泥，装盘。

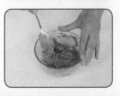

4.将温开水倒入奶粉中，搅拌至完全溶化，再将紫薯泥倒入拌好的奶粉中，拌匀，装入盘中即可。

小贴士
　　紫薯含有糖类、果胶、纤维素、维生素C、花青素、硒等营养成分，具有改善视力、增强免疫力、润肠通便等功效。

土豆莲藕蜜汁

材料	土豆170克，莲藕150克	调料	蜂蜜20克

相宜	莲藕+猪肉　滋阴血、健脾胃 莲藕+鳝鱼　强肾壮阳	相克	莲藕+菊花　腹泻 莲藕+人参　药性相反

 1.锅中注入清水烧热，倒入土豆、莲藕，煮5分钟，捞出焯煮好的食材，沥干水分。

 2.将放凉的土豆切小块；把莲藕切成小块。

 3.取榨汁机，倒入土豆、莲藕、蜂蜜。

 4.注入温开水，盖上盖，选择"榨汁"功能，榨取汁液，倒出榨好的汁液即可。

小贴士　　莲藕含有淀粉、蛋白质、维生素、钙、磷、铁等营养成分，具有健脾养胃、益气补血、止泻等功效。

红枣糯米糊

材料
水发糯米170克，红枣干35克

相宜
糯米+红枣　温中祛寒
糯米+红豆　治虚腹泻和水肿

相克
糯米+鸡肉　可致肠胃不适
糯米+鸡蛋　引起腹痛腹胀

1.将洗净的红枣干切小瓣，去核，备用。

2.砂锅中注入适量清水烧开，倒入备好的糯米、红枣，拌匀。

3.盖上锅盖，煮开后用小火煮40分钟至食材熟透。

4.揭开锅盖，搅拌均匀，关火后盛出煮好的糯米糊，装碗即可。

小贴士
糯米含有蛋白质、糖类、维生素B$_1$、维生素B$_2$、烟酸、钙、磷、铁等营养成分，具有补中益气、健脾养胃等功效。

红薯米糊

材料 去皮红薯100克，燕麦80克，水发大米100克，姜片少许

相宜	
燕麦+玉米	丰乳
燕麦+牛奶	营养丰富

相克	
燕麦+白糖	产生胀气

 1.洗净的红薯切成块。

 2.取豆浆机，倒入燕麦、红薯、姜片、大米、清水。

 3.盖上豆浆机机头，选择"快速豆浆"选项，待豆浆机运转20分钟，即成米糊。

 4.将豆浆机断电，将煮好的红薯米糊倒入碗中，待凉后即可食用。

小贴士 　　燕麦具有健脾、益气、补虚、止汗、养胃、润肠的功效。燕麦不仅对预防动脉硬化、脂肪肝、糖尿病、冠心病，而且对便秘以及水肿等有很好的辅助治疗作用。

红豆奶糊

材料	水发红豆120克，椰浆80毫升，配方奶粉15克	调料	冰糖25克

相宜	红豆+鸡肉	补肾滋阴、补血明目	相克	红豆+羊肉	降低营养价值
	红豆+百合	安神定惊		红豆+羊肝	引起身体不适

1.取榨汁机，把红豆放入杯中，选择"干磨"功能，把红豆磨成粉末，并将磨好的红豆装入碗中。

2.汤锅中加入清水烧开，加入冰糖。

3.倒入红豆末，拌匀，煮15分钟至红豆糊浓稠。

4.加入椰浆、配方奶粉，搅拌至煮沸，将煮好的红豆奶糊盛入碗中即可。

小贴士	红豆富含蛋白质、B族维生素及膳食纤维，有健胃生津、化湿补脾之功效，对脾胃虚弱的宝宝比较适合；红豆还含有丰富的铁，具有较强的补血作用。幼儿食用红豆，能强化体力、增强机体的免疫能力。

西红柿汁

材料 西红柿70克

相宜		相克	
西红柿+芹菜	降压、健胃消食	西红柿+南瓜	降低营养
西红柿+花菜	预防心血管疾病	西红柿+红薯	引起呕吐、腹泻

1.洗净的西红柿对半切开，去蒂，切厚片，改切成小块，备用。

2.取榨汁机，选择搅拌刀座组合，倒入西红柿。

3.注入少许纯净水，盖上盖。

4.选择"榨汁"功能，榨取西红柿汁，断电后倒出汁水，装入杯中即可。

小贴士 西红柿含有番茄红素、膳食纤维、胡萝卜素、多种维生素和矿物质，具有健脾开胃、生津止渴、清热解毒等功效。

胡萝卜糊

| 材料 | 胡萝卜碎100克，粳米粉80克 |

| 相宜 | 胡萝卜+香菜　开胃消食
胡萝卜+菠菜　防止中风 | 相克 | 胡萝卜+柑橘　降低营养价值
胡萝卜+山楂　破坏维生素C |

1.备好榨汁机，倒入胡萝卜碎，注入清水，盖好盖子。

2.待机器运转约1分钟，搅碎食材，榨出胡萝卜汁，倒出汁水，装在碗中。

3.把粳米粉装碗中，倒入榨好的汁水，搅拌，调成米糊，奶锅置于旺火上，倒入米糊，拌匀。

4.煮约2分钟，使食材成浓稠的黏糊状，盛入小碗中，稍微冷却后食用即可。

小贴士　胡萝卜含有膳食纤维、胡萝卜素、B族维生素、蔗糖、葡萄糖、淀粉以及钾、钙、磷等营养成分，具有开胃消食、增强机体免疫力、保护视力等作用。

脱脂奶鸡蛋羹

材料

鸡蛋2个，脱脂牛奶150毫升

相宜

鸡蛋+干贝　增强人体免疫力
鸡蛋+百合　清热解毒、养心安神

相克

鸡蛋+大蒜　降低营养成分
鸡蛋+红薯　容易造成腹痛

1.把鸡蛋打入碗中，搅散、拌匀。

2.倒入脱脂牛奶、清水，拌匀，制成蛋液。

3.取蒸碗，倒入调好的蛋液，至八分满，再覆上一层保鲜膜，蒸锅上火烧开，放入蒸碗。

4.蒸约10分钟，至食材熟透，取出蒸碗，稍微冷却后去除保鲜膜即可。

小贴士

　　鸡蛋含有蛋白质、B族维生素以及钙、磷、钾、钠、碘、镁、锌等营养成分，具有补充脑力、提高人体免疫能力、补充优质蛋白等作用。

芋头玉米泥

材料	香芋150克，鲜玉米粒100克，配方奶粉15克	调料	白糖4克

相宜	芋头+红枣　补血养颜 芋头+鲫鱼　防治脾胃虚弱	相克	芋头+香蕉　易引起腹胀

 1.将去皮洗净的香芋切成片，备用。

 2.把香芋片、玉米放入烧开的蒸锅中，蒸10分钟至食材熟透，取出，把熟香芋倒在砧板上，用刀压成末。

 3.取榨汁机，把玉米粒倒入杯中，加入奶粉，选择"搅拌"功能，将玉米搅打成泥状，把打好的玉米泥倒入碗中。

 4.汤锅中注入清水，倒入玉米泥、白糖、香芋泥，搅拌1分30秒，煮成芋头玉米泥，将制作好的芋头玉米泥倒入碗中即成。

小贴士　玉米含有丰富的叶黄素和玉米黄质，能够保护眼睛。这两种物质凭借其强大的抗氧化作用，可以吸收进入眼球内的有害光线，保持视力的健康。因此，在宝宝的辅食中适量添加一些玉米，对宝宝的健康成长尤为重要。

芝麻米糊

材料
粳米85克，白芝麻50克

相宜
粳米+芹菜　祛伏热、利小便
粳米+牛奶　补虚损、润五脏血压

相克
粳米+辣椒　对肠胃不适

1.烧热炒锅，倒入洗净的粳米，炒至米粒呈微黄色，倒入白芝麻，炒出芝麻的香味，盛出炒制好的食材。

2.取来榨汁机，倒入炒好的食材，盖上盖子，磨一会儿至食材呈粉状，取出磨好的食材，制成芝麻米粉。

3.汤锅中注入适量清水，大火烧开。

4.放入芝麻米粉，搅拌，煮片刻至食材呈糊状，盛出煮好的芝麻米糊，放在小碗中即成。

小贴士
粳米具有养阴生津、除烦止渴、健脾胃、补中气、固肠止泻、补虚的功效，对于脾胃虚弱、营养不良、气虚无力的小儿有良好的食疗效果。

花生小米糊

材料	花生50克，小米85克	调料	食粉少许

相宜	花生+红酒	保心脏、畅通血管	相克	花生+螃蟹	易导致肠胃不适、腹泻
	花生+红枣	健脾、止血		花生+蕨菜	易导致腹泻、消化不良

 1.锅中倒入清水，加入食粉、花生，煮2分钟至熟，把煮好的花生捞出。

 2.将花生放入清水中，去掉红衣，把去好皮的花生压碎，压烂，装入碟中。

 3.取榨汁机，把花生倒入杯中，选择"干磨"功能，把花生磨成末，倒入盘中。

 4.汤锅中注水烧开，倒入洗好的小米，拌匀，煮30分钟至小米熟烂，倒入花生末，拌匀，煮沸，把煮好的米糊盛出，装入碗中即可。

小贴士 花生含有丰富的糖类、维生素及卵磷脂、钙、铁等营养元素，具有健脾和胃、润肺化痰、理气之功效，可健脑益智、提高记忆力，适合幼儿食用。

苹果奶昔

材料 苹果1个，酸奶200毫升

相宜
酸奶+桃子　　　增加营养价值
酸奶+猕猴桃　　促进肠道健康

相克
酸奶+香蕉　　不利于健康
酸奶+腊肠　　可能引发身体不适

1.将洗净的苹果去皮，去核，切成小块。

2.取榨汁机，选搅拌刀座组合，放入苹果。

3.再倒入酸奶，盖上盖子。

4.选择"搅拌"功能，将苹果榨成汁，把苹果酸奶汁倒入玻璃杯即可。

小贴士
　　酸奶的营养价值很高，含有钙、磷、铁、锌、铜、锰、钼等矿物质，还含有益生菌因子，有助于幼儿的消化。

苹果糊

材料

水发糯米130克，苹果80克

相宜

糯米+红枣　温中祛寒
糯米+红豆　治虚腹泻和水肿

相克

糯米+鸡肉　可致胃肠不适
糯米+鸡蛋　引起腹痛腹胀

1.将去皮洗净的苹果去除果核，再切片，改切小块。

2.奶锅中注入清水烧开，放入洗净的糯米，搅散，煮约40分钟，至米粒变软，盛入碗中，放凉后倒入苹果块，搅匀，制成苹果粥。

3.备好榨汁机，倒入苹果粥，盖好盖子，搅碎食材，倒出苹果糊，装在碗中。

4.奶锅置于旺火上，倒入苹果糊，边煮边搅拌，待苹果糊沸腾后关火，盛入小碗中，稍微冷却后食用即可。

小贴士

　　糯米含有蛋白质、B族维生素、淀粉、糖类、钙、磷、铁等营养成分，具有健脾养胃、止虚汗等功效。

苹果红薯泥

材料　苹果90克，红薯140克

相宜
苹果+银耳　润肺止咳
苹果+香蕉　润肠通便

相克
苹果+胡萝卜　破坏维生素C
苹果+海味　易引起恶心、呕吐

1.将去皮洗净的红薯切瓣；去皮洗好的苹果切成瓣，去核，改切成小块。

2.把装有红薯的盘子放入烧开的蒸锅中，再放入苹果，蒸15分钟至熟，将蒸熟的苹果、红薯取出。

3.把红薯放入碗中，用勺子把红薯压成泥状，倒入苹果，压烂，拌匀。

4.取榨汁机，把苹果红薯泥舀入杯中，选择"搅拌"功能，将苹果红薯泥搅匀，装入碗中即可。

小贴士
　　苹果富含膳食纤维和维生素C，能抗氧化，防止便秘。苹果还含有有机酸和果酸质，这两种物质能起到保护牙齿、防止蛀牙和牙龈炎的作用。

草莓土豆泥

材料	草莓35克，土豆170克，牛奶50毫升	调料	黄油、奶酪各适量

相宜	草莓+牛奶　有利于吸收维生素B$_{12}$ 草莓+红糖　利咽润肺	相克	草莓+黄瓜　破坏维生素C 草莓+樱桃　容易上火

1.将洗净去皮的土豆切成薄片；洗好的草莓去蒂，切成薄片，剁成泥。

2.蒸锅注水烧开，放入准备好的土豆片。

3.在土豆片上放入少许黄油，蒸10分钟，取出蒸好的食材。

4.把土豆片倒入碗中，捣成泥状，放入奶酪拌匀，注入牛奶，取小碗，盛入拌好的材料，点缀上草莓泥即可。

小贴士　草莓含有维生素、柠檬酸、胡萝卜素、钙、镁、磷、钾、铁等营养成分，具有养肝明目、润肺生津、促进消化等功效。

草莓苹果汁

材料	苹果120克，草莓100克，柠檬70克	调料	白糖7克

相宜	草莓+蜂蜜 补虚养血 草莓+山楂 消食减肥	相克	草莓+牛肝 破坏维生素C 草莓+樱桃 容易上火

1.将洗净的苹果切瓣，去除果核，把果肉切块；洗净的草莓去除果蒂，切小块。

2.取榨汁机，倒入水果、矿泉水、白糖，盖好盖。

3.通电后选择"榨汁"功能，搅拌一会儿，榨出果汁。

4.断电后揭盖，取洗净的柠檬，挤入柠檬汁，搅拌，至果汁混合均匀，倒出搅拌好的果汁，装入碗中即成。

小贴士　草莓含有维生素C、果糖、蔗糖、柠檬酸、苹果酸、维生素B₁、烟酸及钙、镁、磷、钾、铁等营养物质，对动脉硬化、高血压、高血脂等有很好的食疗作用。

草莓香蕉奶糊

材料 草莓80克，香蕉100克，酸奶100克

相宜	草莓+牛奶	有利于吸收维生素B$_{12}$	**相克**	草莓+牛肝	破坏维生素C
	草莓+红糖	利咽润肺		草莓+樱桃	容易上火

 1.将洗净的香蕉切去头尾，剥去果皮，切成条，改切成丁；洗好的草莓去蒂，对半切开。

 2.取榨汁机，选择搅拌刀座组合，倒入草莓、香蕉。

 3.加入酸奶，盖上盖。

 4.选择"榨汁"功能，榨取果汁，将榨好的果汁奶糊装入杯中即可。

小贴士 　香蕉内含丰富的可溶性纤维，也就是果胶，可帮助消化，调整肠胃功能，还能缓和胃酸的刺激，保护胃黏膜，对预防宝宝便秘、腹泻等有很好的食疗作用。

莲子奶糊

材料	水发莲子10克，牛奶400毫升	调料	白糖3克

相宜	莲子+红薯　通便、美容 莲子+猪肚　补气血	相克	莲子+蟹　产生不良反应 莲子+龟　产生不良反应

 1.取豆浆机，倒入莲子、牛奶，加入白糖。

 2.盖上机头，按"选择"键，选择"米糊"选项，再按"启动"键开始运转。

 3.待豆浆机运转约20分钟，即成米糊。

 4.将豆浆机断电，取下机头，将煮好的米糊倒入碗中，待凉后即可食用。

 小贴士　　莲子含有膳食纤维、糖类、莲心碱、蛋白质、钙、磷、钾、铁盐等成分，具有补脾止泻、养心安神、促进凝血等功效。

菠菜糊

相宜		
菠菜+猪肝	提供丰富的营养	
菠菜+胡萝卜	保持心血管畅通	

相克		
菠菜+牛肉	降低营养价值	
菠菜+大豆	损害牙齿	

1.锅中注入清水烧开，放入洗净的菠菜，焯煮一会儿，至其变软后捞出，沥干水分，放凉后切成碎末。

2.奶锅中注水烧开，放入洗净的大米，搅散，煮约35分钟至煮成粥，搅动几下，盛出，装在碗中，加入菠菜碎，拌匀，调成菠菜粥。

3.备好榨汁机，倒入菠菜粥，盖好盖子，选择"榨汁"功能，待机器运转约40秒，搅碎食材，倒出榨好的菠菜糊，滤在碗中。

4.奶锅置于旺火上，倒入菠菜糊，拌匀，煮沸，盛入碗中，稍微冷却后即可食用。

小贴士

菠菜中含有膳食纤维、维生素C、维生素E以及铁、钙、磷等营养成分，能供给人体多种营养物质，对缺铁性贫血也有较好的辅助治疗作用。

小麦玉米豆浆

材料 水发黄豆40克，水发小麦20克，玉米粒15克

相宜	玉米+花菜	健脾益胃、助消化	相克	玉米+田螺	对身体不利
	玉米+大豆	提高营养价值		玉米+红薯	造成腹胀

 1.将已浸泡8小时的小麦、黄豆倒入碗中，注入清水，洗干净，把洗好的食材倒入滤网，沥干水分。

 2.将洗净的食材倒入豆浆机中，再加入洗净的玉米粒。

 3.注入清水，至水位线即可，选择"五谷"程序，待豆浆机运转约20分钟，即成豆浆。

 4.将豆浆机断电，取下机头，把煮好的豆浆倒入滤网，滤取豆浆，将滤好的豆浆倒入杯中即可。

小贴士 玉米含有蛋白质、维生素E、亚油酸、膳食纤维、钙、磷等营养成分，具有促进大脑发育、降血脂、降血压、增强免疫力、软化血管等功效。

蛋黄青豆糊

材料	鸡蛋1个，青豆65克	调料	盐2克，水淀粉适量

相宜	青豆+虾仁　提高营养价值 青豆+蘑菇　改善食欲不佳	相克	青豆+蕨菜　降低营养价值 青豆+菠菜　影响钙的吸收

1.鸡蛋打开，取蛋黄备用。

2.取榨汁机，把洗好的青豆倒入杯中，加入清水，选择"搅拌"功能，榨取青豆汁，倒入碗中。

3.将青豆汁倒入汤锅，煮沸，加入盐，拌匀调味。

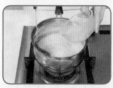
4.倒入水淀粉、蛋黄，拌匀，煮沸，把煮好的蛋黄青豆糊盛出，装入碗中即可。

小贴士

　　青豆不仅蛋白质含量丰富，而且包括了人体必需的8种氨基酸。此外，它还含有丰富的维生素C，不仅能抗坏血病，还可增强幼儿的免疫功能。

香梨泥

材料

香梨150克

相宜

香梨+猪肺　清热润肺、助消化
香梨+银耳　润肺止咳

相克

香梨+螃蟹　引起腹泻、损伤肠胃
香梨+羊肉　消化不良

 1.洗好的香梨去皮，切开，去核，再切成小块。

 2.取榨汁机，选择搅拌刀座组合。

 3.倒入切好的香梨。

 4.盖上盖，选择"榨汁"功能，榨取果泥，将榨好的果泥倒入盘中即可。

小贴士

香梨含有维生素C、B族维生素、糖类、膳食纤维等营养成分，具有保护心脏、增进食欲、生津止渴等功效。

胡萝卜豆腐泥

材料	胡萝卜85克，鸡蛋1个，豆腐90克	调料	盐少许，水淀粉3毫升

相宜	胡萝卜+绿豆芽　排毒瘦身 胡萝卜+菠菜　　预防中风	相克	胡萝卜+白萝卜　降低营养价值 胡萝卜+桃子　　降低营养价值

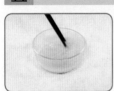 1.把鸡蛋打入碗中，调匀；洗好的胡萝卜切丁；将洗净的豆腐切小块。

 2.把胡萝卜放入烧开的蒸锅中，蒸10分钟至其七成熟；把豆腐放入蒸锅中，蒸5分钟至胡萝卜和豆腐完全熟透。

 3.胡萝卜和豆腐取出，把胡萝卜倒在砧板上，剁成泥状，将豆腐倒在砧板上，用刀压烂。

 4.汤锅中注水，放入盐、胡萝卜泥、豆腐泥，拌匀，煮沸，加入蛋液、水淀粉，拌匀，盛出装入碗中即可。

 小贴士　　胡萝卜含有丰富的植物纤维，可加强肠道的蠕动，尤其适宜便秘的宝宝食用。此外，胡萝卜还有小儿不可缺少的胡萝卜素，具有保护眼睛、促进生长发育的作用。

元蘑骨头汤

材料	排骨230克，水发香菇65克，水发元蘑70克，姜片少许	调料	盐、鸡粉各2克，胡椒粉3克

相宜	香菇+牛肉　补气养血 香菇+猪肉　促进消化	相克	香菇+鹌鹑　面生黑斑 香菇+野鸡　引发腹泻

 1.洗净的元蘑用手撕成小块，待用。

 2.锅中注水烧开，放入洗净的排骨，氽煮片刻，盛出氽煮好的排骨，沥干水分。

 3.砂锅中注入清水烧开，倒入排骨、香菇、元蘑、姜片，拌匀。

 4.煮1小时至熟透，加入盐、鸡粉、胡椒粉，搅拌至入味，盛出煮好的汤，装入碗中即可。

小贴士	香菇具有化痰理气、益胃和中之功效，对食欲不振、身体虚弱、小便失禁、大便秘结、形体肥胖等病症有食疗功效。

肉松鲜豆腐

材料	肉松30克，火腿50克，小油菜45克，豆腐190克	调料	盐3克，生抽2毫升，食用油适量

相宜	豆腐+生姜　　润肺止咳 豆腐+金针菇　益智强体	相克	豆腐+红糖　　不利于人体吸收 豆腐+鸡蛋　　影响蛋白质的吸收

1.将洗净的豆腐切成小方块；洗好的小油菜切粒；火腿切粒。

2.锅中注入清水烧开，放入1克盐、豆腐块，煮1分30秒，捞出沥干水分后装入碗中。

3.用油起锅，倒入火腿粒、小油菜，炒匀。

4.放入生抽、2克盐，炒匀，把炒制好的材料盛放在豆腐块上，最后放上肉松即可。

小贴士　　豆腐含有丰富的铁、钙、磷、镁及糖类、优质蛋白等成分，具有增强营养、促进消化等功效，对幼儿的牙齿、骨骼的生长发育也大有裨益，适合正处于生长发育期的幼儿食用。

炒蛋白

材料	鸡蛋2个，火腿30克，虾米25克	**调料**	盐少许，水淀粉4毫升，料酒2毫升，食用油适量

相宜	鸡蛋+苦瓜 对健康有利 鸡蛋+醋 降低血脂	**相克**	鸡蛋+大蒜 降低营养成分 鸡蛋+红薯 容易造成腹痛

 1.将火腿切成粒，洗净的虾米剁碎。

 2.鸡蛋打开，取蛋清，放入盐、水淀粉，调匀。

 3.用油起锅，倒入虾米、火腿、料酒，炒香。

 4.倒入蛋清炒匀，将炒好的菜肴盛出，装入碗中即可。

 小贴士　　鸡蛋含有丰富的蛋白质，还含有一定量的卵磷脂、维生素B$_1$、钙、磷、铁等营养物质，对神经系统和身体发育有很大的作用，可增强记忆力，很适合小儿食用。

山药杏仁糊

材料	山药180克，小米饭170克，杏仁30克	调料	白醋少许

相宜	山药+芝麻　预防骨质疏松 山药+红枣　补血养颜	相克	山药+鲫鱼　不利于营养物质的吸收 山药+菠菜　降低营养价值

 1.将去皮洗净的山药切片，再切条，改切成丁。

 2.锅中注入清水烧开，加入山药、白醋，拌匀，煮2分钟至熟透，把煮熟的山药捞出装盘。

 3.取榨汁机，把山药倒入榨汁机杯中，加入小米饭、杏仁、清水，选择"搅拌"功能，榨成糊，把山药杏仁糊倒入碗中。

 4.将山药杏仁糊倒入汤锅中，拌匀，煮约1分钟，把煮好的山药杏仁糊盛出，装入碗中即可。

小贴士　山药富含B族维生素、维生素C、维生素E、葡萄糖、胆汁碱等成分，有健脾补肺、益胃补肾的作用，可用于辅助治疗小儿脾胃虚弱、饮食减少、食欲不振等症。

山药芝麻糊

材料　水发大米120克，山药75克，水发糯米90克，黑芝麻30克，牛奶85毫升

相宜
山药+芝麻　预防骨质疏松
山药+红枣　补血养颜

相克
山药+鲫鱼　不利于营养物质的吸收
山药+菠菜　降低营养价值

1.将锅烧热，倒入黑芝麻，炒香，盛出炒好的黑芝麻。

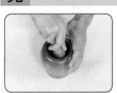
2.取杵臼，倒入黑芝麻，碾成细末，倒出黑芝麻末；洗净去皮的山药切粒。

3.汤锅中注入清水烧开，倒入大米、糯米，煮30分钟。

4.加入山药、黑芝麻，拌匀，煮15分钟至食材熟透，倒入牛奶，拌匀，煮沸，盛出煮好的芝麻糊，装入碗中即可。

小贴士　糯米富含糖类、蛋白质和B族维生素，能温暖脾胃、补益中气，对脾胃虚寒、食欲不佳、腹胀腹泻有一定缓解作用。

山药鸡丁米糊

材料 山药120克，鸡胸肉70克，大米65克

相宜
山药+红枣　补血养颜
山药+玉米　增强免疫力

相克
山药+橘子　不利于营养物质的吸收
山药+菠菜　降低营养价值

 1.将洗净的鸡肉切丁；洗好的山药切丁，放入装有清水的碗中。

 2.取榨汁机，把鸡肉丁搅碎，装入盘中；再把山药丁和清水一起榨成山药汁，倒入碗中。

 3.选干磨刀座组合，将大米放入杯中，选择"干磨"功能，将大米磨成米碎。

 4.汤锅中注入清水，放入山药汁、鸡肉泥，拌煮至沸腾，米碎用水调匀后倒入锅中，煮成米糊，装碗即可。

小贴士
　　鸡胸肉蛋白质含量较高，且易被人体吸收入利用，它含有对人体生长发育有重要作用的磷脂类，有温中益气、补虚填精、健脾胃、活血脉、强筋骨的功效。

西红柿红腰豆汤

材料	西红柿50克，紫薯60克，胡萝卜80克，洋葱60克，西芹40克，熟红腰豆180克
调料	盐2克，鸡粉2克，食用油适量

相宜	西芹+西红柿　降低血压 西芹+牛肉　　增强免疫力
相克	西芹+黄瓜　破坏维生素C 西芹+蛤蜊　易引起腹泻

 1.将洗净的西红柿切丁；洗好的洋葱切粒；洗净的胡萝卜切粒；洗好的紫薯切粒；洗净的西芹切丁。

 2.用油起锅，倒入洋葱，翻炒均匀。

 3.倒入紫薯、西芹、西红柿、胡萝卜，炒匀。

 4.加入熟红腰豆、清水、盐、鸡粉，拌匀，煮10分钟至食材熟透，将锅中汤料盛入碗中即可。

小贴士	西芹含有芳香油及多种维生素、多种游离氨基酸等营养物质，有增进食欲、健脑、清肠利便、解毒消肿、促进血液循环等功效，适合幼儿食用。

杏仁核桃牛奶芝麻糊

材料	甜杏仁50克，核桃仁25克，白芝麻30克，黑芝麻30克，糯米粉30克，枸杞10克，牛奶100毫升	调料	白砂糖15克

相宜	杏仁+桔梗　止咳、降气、祛痰 杏仁+大米　治痔疮、便血	相克	杏仁+猪肉　引起腹痛 杏仁+板栗　引起胃痛

1.将洗净的白芝麻和黑芝麻放入锅中翻炒，炒出香味，装盘待用。

2.将甜杏仁、核桃仁、白芝麻、黑芝麻、糯米粉、枸杞、牛奶倒入豆浆机中，注入清水，至水位线即可。

3.加入白砂糖，搅匀，盖上豆浆机机头，选择"五谷"程序，开始打磨材料。

4.待豆浆机运转约15分钟，即成芝麻糊，把煮好的芝麻糊盛入碗中即可。

小贴士	杏仁能发散风寒、下气除喘、通便、补肺的作用，还有美容功效，能促进皮肤微循环，使皮肤红润光洁。

松子鲜玉米甜汤

材料	松子30克，玉米粒100克，红枣6颗	调料	白糖15克

相宜	玉米+花菜　健脾益胃、助消化 玉米+洋葱　生津止渴	相克	玉米+田螺　对身体不利 玉米+红薯　造成腹胀

 1.砂锅中注入清水烧开，倒入红枣、玉米粒，拌匀。

 2.煮15分钟至熟，放入松子，拌匀。

 3.续煮10分钟至食材熟透，加入白糖。

 4.搅拌约1分钟至白糖融化，将煮好的汤装入碗中即可。

小贴士　玉米含有膳食纤维、胡萝卜素、烟酸、维生素E、镁、硒等营养成分，具有健脾止泻、延缓衰老、利尿消肿等功效，和红枣、松子搭配食用，保养身体效果更佳。

鸡丁炒鲜贝

材料	鸡胸肉180克，香干70克，干贝85克，青豆65克，胡萝卜75克，姜末、蒜末、葱段各少许	调料	盐5克，鸡粉3克，料酒4毫升，水淀粉、食用油各适量

相宜	鸡肉+枸杞　补五脏、益气血 鸡肉+人参　止渴生津	相克	鸡肉+鲤鱼　对身体不利 鸡肉+芥菜　对身体不利

1.将洗净的香干切丁；去皮洗好的胡萝卜切丁；将洗净的鸡胸肉切丁。

2.鸡丁装入碗中，放入2克盐、1克鸡粉、水淀粉、食用油，拌匀，腌渍10分钟至入味。

3.锅中注水烧开，放入2克盐、青豆、食用油、香干、胡萝卜，煮断生，加入干贝，拌匀，再煮半分钟至熟，把焯过水的材料捞出。

4.油锅烧热，爆香姜末、蒜末、葱段，加入鸡肉、料酒，炒匀，倒入焯过水的食材，炒匀，加入1克盐、2克鸡粉，炒匀即成。

小贴士　鸡肉含有丰富的维生素C、维生素E、蛋白质，有温中益气、增强体力、强筋壮骨的功效。此外，它还含有磷脂类，对幼儿的生长发育有重要作用。

虾丁豆腐

材料	虾仁65克，豆腐130克，鲜香菇30克，核桃粉50克	调料	盐3克，水淀粉3毫升，食用油适量

相宜	豆腐+鱼　　补钙 豆腐+韭菜　防治便秘	相克	豆腐+蜂蜜　易导致腹泻 豆腐+红糖　不利于人体吸收

1.将洗净的豆腐切成小块；洗好的香菇切成粒；用牙签挑去虾仁的虾线，再把虾仁切成丁。

2.将虾肉装入碗中，放入1克盐、水淀粉、食用油，腌渍10分钟至入味。

3.锅中注水烧开，加入1克盐、豆腐，煮1分钟，去除酸味，下入香菇，再煮半分钟，把焯过水的豆腐和香菇捞出。

4.用油起锅，放入虾肉、豆腐、香菇，炒匀，加入1克盐、清水、核桃粉，炒匀，将炒好的菜肴盛出，装碗即可。

小贴士

　　豆腐含有丰富的蛋白质、维生素和矿物质等，其所富含的卵磷脂有益于神经、血管、大脑的发育生长，具有健脑的作用，很适合幼儿食用。

枸杞蛋花粥

材料	大米250克，枸杞3克，鸡蛋1个，葱花少许	调料	盐1克

相宜	大米+杏仁 大米+红豆	治疗痔疮、便血 有利营养的吸收	相克	大米+牛奶 大米+蜂蜜	破坏维生素A 引起胃痛

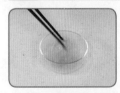 1.取碗，打入鸡蛋，搅散，制成蛋液。

 2.砂锅中注入清水烧开，倒入洗好的大米，煮40分钟。

 3.倒入枸杞，煮约10分钟至食材熟透。

 4.加入盐，拌匀，往锅中缓缓倒入蛋液，搅拌，盛出煮好的粥，装入碗中，撒上葱花即可。

小贴士	大米富含糖类、B族维生素、膳食纤维、蛋白质以及钙、镁、铁、钾等矿物质，有补中益气、健脾养胃、通血脉、止烦、止渴、止泻的功效。

核桃蔬菜粥

材料	胡萝卜120克，豌豆65克，核桃粉15克，水发大米120克，白芝麻少许	调料	芝麻油少许

相宜	核桃+鳝鱼　降低血糖 核桃+红枣　美容养颜	相克	核桃+野鸭　不利营养的吸收 核桃+甲鱼　对身体不利

 1.洗好去皮的胡萝卜切段；锅中注入清水烧开，倒入胡萝卜、豌豆，煮约3分钟，至其断生，捞出，沥干水分。

 2.将放凉的胡萝卜切碎，剁成末；把放凉的豌豆切碎，剁成细末。

 3.砂锅中注入清水烧开，倒入洗净的大米，搅拌片刻，煮约20分钟至大米熟软。

 4.倒入豌豆、胡萝卜、白芝麻，拌匀，续煮至食材熟透，加入核桃粉、芝麻油，搅匀，盛出煮好的粥即可。

小贴士　核桃含有蛋白质、B族维生素、叶酸、铜、镁、钾、磷等营养成分，具有增强免疫力、健脑益智等功效。

桑葚黑芝麻糊

| 材料 | 桑葚干7克，水发大米100克，黑芝麻40克 | 调料 | 白糖20克 |

| 相宜 | 大米+杏仁　治疗痔疮、便血
大米+红豆　有利营养的吸收 | 相克 | 大米+牛奶　破坏维生素A
大米+蜂蜜　引起胃痛 |

 1.取榨汁机，将黑芝麻倒入磨杯中，将黑芝麻磨成粉。

 2.选择搅拌刀座组合，将洗净的大米、桑葚干倒入量杯中，加入清水，选择"榨汁"功能，榨成汁。

 3.揭开盖，倒入黑芝麻粉，盖上盖，继续搅拌均匀。

 4.将混合好的米浆倒入砂锅中，加入白糖，拌匀，煮成糊状，将煮好的芝麻糊盛出，装入碗中即可。

小贴士　桑葚具有生津止渴、促进消化、帮助排便等作用，适量食用能促进胃液分泌，刺激肠蠕动及解除燥热，有利于缓解小儿消化不良、便秘等。

橙子南瓜羹

材料	南瓜200克，橙子120克	调料	冰糖适量

相宜	南瓜+牛肉	补脾健胃、解毒止痛	相克	南瓜+辣椒	破坏维生素C
	南瓜+莲子	降低血压		南瓜+鲤鱼	对身体不利

 1.洗净去皮的南瓜切片；洗好的橙子切去头尾，切开，切取果肉，再剁碎。

 2.蒸锅上火烧开，放入南瓜片，蒸至南瓜软烂。

 3.揭开锅盖，取出南瓜片，将放凉的南瓜放入碗中，捣成泥状。

 4.锅中注水烧开，倒入冰糖、南瓜泥、橙子肉，煮1分钟，撇去浮沫，盛出煮好的食材，装入碗中即可。

小贴士　南瓜含有膳食纤维、胡萝卜素、维生素C等营养成分，可以健脾、护肝、防治夜盲症，还能使皮肤变得细嫩。

浓香黑芝麻糊

材料　糯米100克，黑芝麻100克，白糖20克

相宜			相克		
糯米+红枣	温中祛寒		糯米+鸡肉	可致肠胃不适	
糯米+红豆	治疗腹泻和水肿		糯米+鸡蛋	引起腹痛腹胀	

1.锅置火上，倒入黑芝麻，炒至香味飘出，将炒好的黑芝麻装盘。

2.备好搅拌机，将黑芝麻倒入干磨杯中，选择"干磨"功能，磨成黑芝麻粉末，将磨好的黑芝麻粉装盘。

3.将糯米倒入干净的干磨杯中，操作方法和磨制黑芝麻相同，将磨好的糯米粉装盘待用。

4.砂锅中注入清水烧开，加入糯米粉、黑芝麻粉、白糖，拌匀至溶化，盛出煮好的芝麻糊，装碗即可。

小贴士　　糯米含有蛋白质、糖类、纤维素、维生素E、锌、铁等多种营养元素，具有温暖脾胃、补益中气等多种功效。

鱼泥西红柿豆腐

材料	豆腐130克，西红柿60克，草鱼肉60克，姜末、蒜末、葱花各少许	调料	番茄酱10克，白糖6克

相宜	草鱼+豆腐　增强免疫力 草鱼+冬瓜　祛风、清热、平肝	相克	草鱼+甘草　对身体不利 草鱼+咸菜　易生成有害物质

 1.把洗好的豆腐压烂，剁成泥状；将洗净的草鱼肉切丁；洗好的西红柿去蒂。

 2.烧开蒸锅，放入鱼肉、西红柿，蒸10分钟至熟，取出；将鱼肉倒在砧板上，用刀压烂，剁成泥，将西红柿去皮，剁碎。

 3.用油起锅，下入姜末、蒜末，爆香，加入鱼肉泥、豆腐泥，炒匀。

 4.放入番茄酱、清水、西红柿、白糖、葱花，炒匀，将炒好的材料盛出，装入碗中，撒上葱花即可。

小贴士	草鱼含有丰富的蛋白质、脂肪、多种维生素，还含有核酸、锌、硒等成分，有增强体质、补中调胃、利水消肿的作用，对幼儿的骨骼生长有特殊作用。

紫薯银耳羹

材料 紫薯55克，红薯45克，水发银耳120克

相宜
银耳+莲子　滋阴润肺
银耳+木瓜　美容美体

相克
银耳+菠菜　破坏维生素C
银耳+蛋黄　不利消化

1.将去皮洗净的紫薯切丁；去皮洗好的红薯切丁；洗净的银耳撕成小朵。

2.砂锅中注入清水烧热，倒入红薯丁、紫薯丁，拌匀。

3.煮约20分钟，至食材变软，加入银耳，搅散开。

4.续煮约10分钟，至食材熟透，盛出煮好的银耳羹，装入碗中，待稍微冷却后即可食用。

小贴士
　　银耳含有膳食纤维、天然植物性胶质、海藻糖、钙、磷、铁、钾等营养成分，具有润肠益胃、补气和血、美容嫩肤等功效。

红豆山药羹

| 材料 | 水发红豆150克，山药200克 | 调料 | 白糖、水淀粉各适量 |

| 相宜 | 红豆+粳米　益脾胃、通乳汁
红豆+南瓜　润肤、止咳、减肥 | 相克 | 红豆+鲤鱼　易导致人体脱水
红豆+羊肝　引起身体不适 |

 1.洗净去皮的山药切粗片，再切成条，改切成丁。

 2.砂锅中注入清水，倒入洗净的红豆，煮40分钟。

 3.放入山药丁，续煮20分钟至食材熟透。

 4.加入白糖、水淀粉，拌匀，盛出煮好的山药羹，装入碗中即可。

小贴士　红豆含有蛋白质、糖类、B族维生素、钾、铁、磷等营养成分，具有健脾止泻、利尿消肿、清热解毒等功效。

玉米燕麦粥

材料	玉米粉100克，燕麦片80克

相宜	玉米+花菜	健脾益胃、助消化	相克	玉米+田螺	对身体不利
	玉米+大豆	营养更均衡		玉米+红薯	易造成腹胀

 1.取一碗，倒入玉米粉，注入适量清水，搅拌均匀，制成玉米糊。

 2.砂锅中注入适量清水烧开，倒入燕麦片，加盖，大火煮3分钟至熟。

 3.揭盖，加入玉米糊，拌匀，稍煮片刻至食材熟软。

 4.关火后将煮好的粥盛出，装入碗中即可。

小贴士	玉米有开胃益智、宁心活血、调理中气等功效，还能降低血脂、延缓人体衰老、预防脑功能退化、增强记忆力。

芝麻糯米糊

材料	糯米粉30克，黑芝麻粉40克，陈皮2克	调料	白砂糖15克

相宜	糯米+黑芝麻　补脾胃、益肝肾 糯米+板栗　　补中益气	相克	糯米+鸡肉　可致肠胃不适 糯米+鸡蛋　引起腹痛腹胀

 1.将糯米粉加入备有大半碗水的碗中，调匀。

 2.砂锅中注入清水，放入陈皮，煮约15分钟，至陈皮析出有效成分。

 3.加入黑芝麻粉、白砂糖，搅拌至混合。

 4.倒入糯米粉，拌匀，煮约1分钟，至食材入味，将煮好的糯米糊盛入碗中即可。

小贴士　糯米含有蛋白质、糖类、钙、磷、铁、维生素B_1、维生素B_2、烟酸等，具有补中益气、健脾养胃、止虚汗之功效，对食欲不佳、腹胀、腹泻有一定的缓解作用。

莲子核桃米糊

材料 水发莲子10克，核桃仁10克，水发大米300克

相宜 核桃+鳝鱼　降低血糖
核桃+红枣　美容养颜

相克 核桃+黄豆　引发腹胀、消化不良
核桃+甲鱼　对身体不利

 1.取豆浆机，倒入洗净的莲子、核桃仁、大米。

 2.注入适量清水，至水位线即可。

 3.盖上豆浆机机头，选择"五谷"程序，再选择"开始"键。

 4.待豆浆机运转约20分钟，即成米糊，将煮好的米糊倒入碗中，待稍微放凉后即可食用。

小贴士 核桃仁含有蛋白质、不饱和脂肪酸、膳食纤维及多种维生素、矿物质，具有促进血液循环、补肾助阳、健脑益智等功效。

菠菜洋葱牛奶羹

材料 菠菜90克，洋葱50克，牛奶100毫升

相宜	洋葱+苦瓜	增强免疫力	**相克**	洋葱+黄鱼	降低蛋白质的吸收
	洋葱+猪肝	增强免疫力		葱+蜂蜜	对眼睛不利

1.锅中注入清水烧开，放入洗净的菠菜，焯煮约半分钟至断生，捞出沥干水分。

2.将洗净的洋葱切成颗粒状，把放凉的菠菜切碎，剁成末。

3.取榨汁机，倒入洋葱粒、菠菜，盖上盖子，选择"干磨"功能，把食材磨至细末状，取出磨好的食材，即成蔬菜泥。

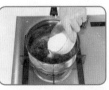

4.汤锅中注入清水烧热，放入蔬菜泥，拌匀，煮沸，倒入牛奶，拌匀，煮片刻至牛奶将沸，盛出煮好的羹汁，装在碗中即成。

小贴士 洋葱含有膳食纤维、矿物质、维生素等营养成分，能较好地调节神经、增强记忆力。同时，洋葱含有的挥发成分有刺激食欲、帮助消化和促进吸收等功能。

菠萝莲子羹

材料	水发莲子150克，菠萝肉55克，太子参少许	调料	冰糖、水淀粉各适量

相宜	菠萝+鸡肉　补虚填精、温中益气 菠萝+猪肉　促进蛋白质合成	相克	菠萝+鸡蛋　影响消化吸收 菠萝+白萝卜　破坏维生素C

 1.洗净的菠萝肉切片，切条，改切成丁块。

 2.砂锅中注水烧热，倒入太子参、莲子，煮约20分钟。

 3.倒入冰糖，续煮约5分钟，至其溶化。

 4.倒入菠萝、水淀粉，煮至汤汁浓稠，盛出汤羹装入碗中即可。

小贴士　菠萝含有糖类、膳食纤维、维生素C、维生素B₁、钙、磷、铁等营养成分，具有开胃消食、生津止渴等功效。

山药米糊

材料 水发大米150克，去皮山药块80克，鲜百合20克，水发莲子20克

相宜
山药+黑芝麻　预防骨质疏松
山药+红枣　　补血养颜

相克
山药+南瓜　维生素C被分解破坏
山药+黄瓜　降低营养价值

1.取豆浆机，摘下机头，倒入泡好的大米、莲子，再倒入洗好的百合、山药块。

2.注入适量清水至水位线，盖上机头，按"选择"键，再选择"米糊"选项，按"启动"键开始运转。

3.待豆浆机运转约20分钟，即成米糊，将豆浆机断电，取下机头。

4.将煮好的米糊倒入碗中，待凉后即可食用。

小贴士
　　山药含有多糖、淀粉、蛋白质、黏液蛋白、淀粉酶等营养物质，具有增强人体免疫力、健脾养胃、排毒养颜等功效。

藕汁蒸蛋

材料	鸡蛋120克，莲藕汁200毫升，葱花少许	调料	生抽5毫升，盐、芝麻油各适量

相宜	鸡蛋+干贝 增强人体免疫力 鸡蛋+韭菜 保肝护肾	相克	鸡蛋+葱 引起腹泻 鸡蛋+大蒜 降低营养成分

 1.取一个大碗，打入鸡蛋，搅散。

 2.加入莲藕汁、盐，搅匀。

 3.倒入蒸碗中，蒸锅上火烧开，放上蛋液，蒸约12分钟至熟。

 4.掀开锅盖，取出蒸蛋，淋入生抽、芝麻油，撒上葱花即可食用。

小贴士　　鸡蛋含有固醇类、蛋黄素、钙、磷、铁、维生素A、维生素D等成分，具有健脑益智、增强免疫力、保护视力等功效。

奶油鱼肉

材料	奶油50克，胡萝卜50克，洋葱20克，草鱼肉150克	调料	盐2克，食用油适量

相宜	草鱼+鸡蛋　益眼明日 草鱼+豆腐　增强免疫力	相克	草鱼+甘草　对健康不利 草鱼+西红柿　降低营养价值

1.将去皮洗净的胡萝卜切片；去皮洗净的洋葱切粒；洗好的草鱼肉切小块。

2.蒸锅上火烧开，放入装有胡萝卜片和鱼块的盘子，蒸至食材熟透，取出；将放凉的胡萝卜剁成泥状，把放凉的鱼肉剁成泥状。

3.用油起锅，倒入洋葱粒、清水、胡萝卜泥、鱼肉泥，拌匀。

4.加入盐，拌匀，略煮片刻，待汤汁沸腾后放入奶油，拌至溶化，盛出制作好的菜肴，放在碗中即成。

小贴士　　草鱼肉质鲜嫩，富含蛋白质、铁、B族维生素等营养元素，具有温中补气、强筋壮骨的作用。此外，草鱼还含有一些特殊矿物质，对促进幼儿大脑发育、保护眼睛等都有很好的效果。

虾米炒茭白

材料	茭白100克，虾米60克，姜片、蒜末、葱段各少许	调料	盐2克，鸡粉2克，料酒4毫升，生抽、水淀粉、食用油各适量

相宜	茭白+鸡蛋　美容养颜 茭白+猪蹄　催乳	相克	茭白+豆腐　易形成结石 茭白+蜂蜜　易引发痼疾

 1.将洗净的茭白切成片，装入盘中。

 2.用油起锅，放入姜片、蒜末、葱段，爆香，倒入虾米、料酒，炒香。

 3.放入茭白、盐、鸡粉，炒匀调味。

 4.加入清水、生抽、水淀粉，炒匀，将炒好的材料盛出，装入盘中即成。

小贴士　　茭白含有钙、磷、铁、糖类、维生素、胡萝卜素及膳食纤维，能除烦利尿、清热解毒。此外，茭白所含的粗纤维能促进肠道蠕动，帮助儿童消化。

蛋花麦片粥

材料	鸡蛋1个，燕麦片50克	调料	盐2克

相宜	鸡蛋+苦瓜　对健康有利 鸡蛋+醋　　降低血脂	相克	鸡蛋+大蒜　降低营养成分 鸡蛋+红薯　容易造成腹痛

1.将鸡蛋打入碗中，用筷子打散，调匀。

2.锅中注入清水烧热，倒入燕麦片，拌匀。

3.盖上盖，煮20分钟至燕麦片熟烂。

4.揭盖，倒入蛋液、盐，拌匀煮沸，将锅中煮好的粥盛出，装入碗中即可。

小贴士　　鸡蛋含有丰富的维生素、矿物质及有高生物价值的蛋白质，其氨基酸组成与人体需要的比较接近，有助于增进神经系统的功能，是幼儿较好的健脑益智食物。

蟹味菇炒小白菜

材料	小白菜500克，蟹味菇250克，姜片、蒜末、葱段各少许	调料	生抽5毫升，盐、鸡粉各5克，水淀粉、白胡椒粉各5克，蚝油、食用油各适量

相宜	小白菜+虾皮　营养全面 小白菜+蟹味菇　滋阴生津	相克	小白菜+兔肉　引起腹泻 小白菜+醋　营养流失

1.洗净的小白菜切去根部，对半切开。

2.锅中注水烧开，加入2克盐、食用油，小白菜，焯煮片刻至断生，捞出，沥干水分。

3.再将蟹味菇倒入锅中，焯煮片刻，捞出焯煮好的蟹味菇，沥干水分；油爆姜片、蒜末、葱段。

4.放入蟹味菇、蚝油、生抽、清水、3克盐、鸡粉、白胡椒粉、水淀粉，翻炒至熟，盛出装入摆放有小白菜的盘中即可。

小贴士　小白菜含有膳食纤维、糖类、胡萝卜素、维生素B_1、维生素B_2、维生素C等营养成分，具有健脾止泻、开胃消食、防癌抗癌等功效。

西红柿芹菜汁

| 材料 | 西红柿200克，芹菜200克 |

| 相宜 | 西红柿+芹菜　降压、健胃消食
西红柿+鸡蛋　抗衰老 | 相克 | 西红柿+南瓜　降低营养
西红柿+红薯　引起呕吐、腹泻 |

1.将洗净的芹菜切粒状；洗净的西红柿切小块。

2.取榨汁机，选择搅拌刀座组合，倒入食材。

3.注入矿泉水，盖上盖，选择"榨汁"功能。

4.榨一会儿，使食材榨出汁，倒出榨好的西红柿芹菜汁，装入小碗中即成。

小贴士　西红柿含有蛋白质、维生素C、胡萝卜素、有机酸等营养成分，有清热解毒、抑制病变等功效。此外，西红柿还含有钙、磷、钾、镁、铁、锌等营养元素，对降血压有一定的作用。

西蓝花糊

材料　西蓝花150克，配方奶粉8克，米粉60克

相宜　西蓝花+胡萝卜　预防消化系统疾病
西蓝花+西红柿　防癌抗癌

相克　西蓝花+橘子　导致肠胃不适

1.汤锅中注入清水烧开，放入洗净的西蓝花，煮约2分钟至熟。

2.把煮好的西蓝花捞出，放凉，切碎。

3.选择榨汁机，把西蓝花放入杯中，加入清水，盖上盖子，选择"搅拌功能"，榨取西蓝花汁，倒入碗中。

4.将西蓝花汁倒入汤锅中，倒入米粉、奶粉，搅拌，煮成米糊，将煮好的米糊盛出，装入碗中即成。

小贴士　西蓝花的维生素C含量特别丰富，是同等重量苹果含量的20倍。此外，它还含有胡萝卜素、B族维生素、蔗糖、果糖及较丰富的钙、磷、铁等，可以增强婴幼儿的机体免疫力。

煎红薯

材料	红薯250克，熟芝麻15克	调料	蜂蜜、食用油各适量

相宜	红薯+芹菜　降低血压 红薯+糙米　减肥	相克	红薯+柿子　可能导致肠胃出血 红薯+西红柿　易致腹泻

1.将去皮洗净的红薯切成片，放在盘中。

2.锅中注入清水烧开，倒入红薯片，搅拌，煮约2分钟，至其断生后捞出，沥干水分，放在盘中。

3.煎锅中注入食用油烧热，放入红薯片，煎一会儿至散发出焦香味。

4.煎片刻，至两面熟透，盛出煎好的食材，放在盘中，再均匀地淋上蜂蜜，撒上熟芝麻即成。

小贴士　红薯含有丰富的淀粉、膳食纤维、胡萝卜素、维生素、亚油酸及钾、铁、铜、硒、钙等营养元素，被营养学家称为营养最均衡的保健食品。幼儿食用红薯，对维持体内的营养均衡很有帮助。

豆腐牛肉羹

材料	牛肉90克，豆腐80克，鸡蛋1个，鲜香菇30克，姜末、葱花各少许	调料	盐少许，料酒3毫升，水淀粉、食用油各适量

相宜	牛肉+土豆　保护胃黏膜 牛肉+洋葱　补脾健胃	相克	牛肉+白酒　易导致上火 牛肉+鲇鱼　对身体不利

 1.将洗好的豆腐切切丁；洗净的香菇切粒；洗好的牛肉剁成肉末；把鸡蛋打入碗中，调匀。

 2.锅中注水烧开，倒入豆腐、香菇，煮1分钟至断生，把煮好的豆腐和香菇捞出。

 3.用油起锅，放入姜末，爆香，倒入牛肉粒、料酒、清水、豆腐、香菇、盐，炒匀，煮约1分钟至熟。

 4.捞出锅中浮沫，加入水淀粉、蛋液、葱花，拌匀，将煮好的食材盛出，装入碗中即可。

小贴士　牛肉属高蛋白、低脂肪的食品，其富含多种氨基酸和矿物质，具有消化、吸收率高的特点。牛肉还含有丰富的维生素B_6。幼儿经常食用可增强免疫力，促进蛋白质的新陈代谢和合成。

豌豆糊

材料	豌豆120克，鸡汤200毫升	调料	盐少许

相宜	豌豆+蘑菇　改善食欲不佳 豌豆+红糖　健脾、通乳、利水	相克	豌豆+蕨菜　降低营养价值 豌豆+菠菜　影响钙的吸收

1.汤锅中注入清水，倒入豌豆，煮15分钟至熟，捞出煮熟的豌豆，沥干水分，装入碗中。

2.取榨汁机，倒入豌豆、鸡汤，选择"搅拌"功能，榨取豌豆鸡汤汁，将榨好的豌豆鸡汤汁倒入碗中。

3.把剩余的鸡汤倒入汤锅中，加入豌豆鸡汤汁，搅散，煮沸。

4.放入盐，搅匀，将煮好的豌豆糊装入碗中，即可。

小贴士　豌豆含有丰富的钙、蛋白质及人体所必需的多种氨基酸，对幼儿的生长发育大有益处。6个月的婴儿开始长乳牙，骨骼也在发育，这时必须供给充足的钙质，因此，要适量地给孩子喂食含钙高的食物。

金枪鱼水果沙拉

材料	熟金枪鱼肉180克，苹果80克，圣女果150克，沙拉酱50克	调料	山核桃油适量，白糖3克

相宜	苹果+银耳　润肺止咳 苹果+鱼肉　治疗腹泻	相克	苹果+胡萝卜　破坏维生素C 苹果+白萝卜　导致甲状腺肿

 1.洗净的圣女果对半切开；洗净的苹果去核，依次再在每一瓣儿的左右两边切三刀，切开，展开呈花状。

 2.将熟金枪鱼肉切成小块。

 3.在摆放圣女果、金枪鱼待用。

 4.取碗，倒入沙拉酱、白糖、山核桃油，搅匀，将调好的酱浇在食材上即可。

小贴士　苹果具有润肺健脾、生津止渴、止泻、消食、顺气、醒酒的功能。苹果中含有大量的纤维素，可以使肠道内胆固醇含量减少，缩短排便时间，预防便秘。

香芋煮鲫鱼

材料	净鲫鱼400克，芋头80克，鸡蛋液45克，枸杞12克，姜丝、蒜末各少许	调料	盐2克，白糖少许，食用油适量

相宜	芋头+红枣　补血养颜 芋头+牛肉　防治食欲不振	相克	芋头+香蕉　引起腹胀

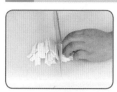 1.将去皮洗净的芋头切细丝，处理干净的鲫鱼切上一字花刀；把鲫鱼装入盘中，撒上1克盐，抹匀，再腌渍约15分钟。

 2.热锅注油，烧至五成热，倒入芋头丝，拌匀，炸出香味，捞出，沥干油。

 3.用油起锅，放入鱼，炸至两面断生后捞出，沥干油。

 4.油爆姜丝，加入清水、鲫鱼，煮至食材七八成熟，倒入芋头丝、蒜末、枸杞、鸡蛋液、1克盐、白糖，煮至食材熟透即可。

 小贴士
　　芋头含有蛋白质、淀粉、膳食纤维、维生素C、维生素E、钾、钠、钙、镁、铁、锰、锌等营养成分，具有益脾胃、调中气、化痰散结等功效。

香菇鸡肉羹

材料	鲜香菇40克，上海青30克，鸡胸肉60克，软饭适量	调料	盐少许，食用油适量

相宜	香菇+牛肉　补气养血 香菇+猪肉　促进消化	相克	香菇+鹌鹑　易面生黑斑 香菇+螃蟹　可能引起结石

1.汤锅中注入清水烧开，放入洗净的上海青，煮约半分钟至断生。

2.把煮好的上海青捞出，剁碎；洗净的香菇切粒；洗好的鸡胸肉剁成末。

3.用油起锅，倒入香菇、鸡胸肉，搅松散，炒至转色。

4.加入清水、软饭、盐、上海青，炒匀，将炒好的食材盛出，装入碗中即成。

小贴士　香菇含有18种氨基酸和30多种酶，有抑制血液中胆固醇升高和降低血压的作用。常食香菇能补肝肾、健脾胃、益智安神。此外，香菇还含有丰富的维生素D，有助于婴幼儿的骨骼发育。

香蕉猕猴桃汁

相宜
香蕉+牛奶　提高维生素B$_{12}$的吸收率
香蕉+燕麦　改善睡眠

相克
香蕉+芋头　易引起腹胀
香蕉+红薯　易引起身体不适

 1.香蕉去除果皮，把果肉切小块；洗净去皮的猕猴桃切小块。

 2.取榨汁机，选择搅拌刀座组合，倒入水果，注入适量矿泉水。

 3.盖上盖子，选择"榨汁"功能，榨一会儿，使食材析出果汁，揭开盖，取柠檬，挤入柠檬汁。

 4.盖上盖，再次选择"榨汁"功能，搅拌片刻，使柠檬汁溶于果汁中，倒出榨好的果汁，装入杯中即成。

小贴士
香蕉具有清热、通便、解酒、降血压、抗癌之功效。香蕉中的钾能降低机体对钠盐的吸收，故其有降血压的作用。

清炒秀珍菇

材料	秀珍菇100克，姜末、蒜末、葱末各少许	调料	盐2克，鸡粉少许，蚝油4克，料酒3毫升，生抽4毫升，水淀粉、食用油各适量

相宜	秀珍菇+豆腐　有利于营养吸收 秀珍菇+韭黄　增强免疫力	相克	秀珍菇+鹌鹑　易引发痔疮 秀珍菇+驴肉　易引发心痛

 1.将洗净的秀珍菇撕成小片，放在盘中。

 2.用油起锅，下入姜末、蒜末，爆香，放入备好的秀珍菇，炒匀。

 3.注入清水，炒至食材熟软，加入料酒、生抽、蚝油，炒匀。

 4.加盐、鸡粉、水淀粉、葱末，翻炒出葱香味，盛出炒制好的菜肴，放在碗中即成。

 小贴士　秀珍菇是一种高蛋白、低脂肪的营养食品，有"味精菇"之美誉。它富含糖分、木质素、纤维素、果胶、矿物质等。幼儿食用秀珍菇，有开胃助食的作用。

鱼肉玉米糊

材料	草鱼肉70克，玉米粒60克，水发大米80克，圣女果75克	调料	盐少许，食用油适量

相宜	玉米+花菜　健脾益胃、助消化 玉米+大豆　营养更均衡	相克	玉米+田螺　对身体不利 玉米+红薯　易造成腹胀

 1.汤锅中注水烧开，放入洗好的圣女果，烫煮半分钟。

 2.把圣女果捞出，去皮，切粒，剁碎；洗净的草鱼肉切小块；洗好的玉米粒切碎。

 3.用油起锅，倒入鱼肉、清水，炒匀，煮5分钟至熟，用锅勺将鱼肉压碎。

 4.把鱼汤滤入汤锅中，放入大米、玉米碎，煮至食材熟烂，加入圣女果、盐，拌匀煮沸，把煮好的米糊盛出，装入碗中即可。

 小贴士　玉米含有蛋白质、维生素、微量元素、纤维素及多糖等营养素，对人的视力十分有益，适合脾虚、气血不足、营养不良的老人或幼儿食用。

糯米葫芦宝

材料	糯米粉85克，土豆100克，鸡蛋1个，豆沙45克，面包糠140克，葱条10克	调料	白糖10克，食用油适量

相宜	土豆+辣椒　健脾开胃 土豆+醋　解毒和胃	相克	土豆+西红柿　消化不良

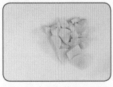

1.将去皮洗净的土豆切小块；鸡蛋打开，取出蛋黄放入碗中，调匀，制成蛋液；蒸锅注水烧开，放入装有土豆块的蒸盘。

2.蒸至土豆熟软，取出，放凉后压成泥；葱条焯煮断生后捞出；糯米粉中加白糖、温开水，揉搓成面团。

3.混入土豆泥，制成土豆面团，捏成小薄饼的形状，放入豆沙包好，捏成葫芦状，制成饼坯，蘸上蛋液，滚上面包糠，即成葫芦饼坯。

4.起油锅，放入摆放有葫芦饼坯的滤网，炸至全部葫芦饼坯熟透，取出，沥干油，再一一系上备好的葱条作为装饰，摆好盘即成。

小贴士　土豆的营养价值很高，含有丰富的膳食纤维、维生素C及矿物质，其优质淀粉的含量也极高。同时，它还含有大量木质素，能健脾和胃、益气调中，对小儿脾胃虚弱、消化不良、肠胃不和等症状有很好的食疗效果。

鸡丝粥

材料	鸡胸肉85克，胡萝卜40克，水发大米100克，葱花少许	调料	盐3克，鸡粉少许，水淀粉6毫升，食用油7毫升

相宜	胡萝卜+香菜　开胃消食 胡萝卜+绿豆芽　排毒瘦身	相克	胡萝卜+柑橘　降低营养价值 胡萝卜+酒　损害肝脏

 1.将去皮洗净的胡萝卜切细丝；洗净的鸡胸肉切肉丝。

 2.把鸡肉丝放入碗中，加入1克盐、鸡粉、水淀粉、食用油，拌匀，腌渍约10分钟至入味。

 3.锅中注入清水烧开，倒入洗净的大米，搅拌几下，煮约30分钟至米粒熟软。

 4.加入胡萝卜丝、鸡肉丝，搅动食材，续煮至全部食材熟透，放入1克盐、鸡粉，煮入味，盛出煮好的粥，放在碗中，撒上葱花即成。

小贴士	胡萝卜富含糖类、挥发油、胡萝卜素、维生素B_1、维生素B_2、花青素、钙、铁等营养成分，有健脾和胃、补肝明目之功效。幼儿食用胡萝卜，还有润肺止咳的作用。

排骨酱焖藕

材料	排骨段350克，莲藕200克，红椒片、青椒片、洋葱片各30克，姜片、八角、桂皮各少许	调料	盐2克，鸡粉2克，老抽3毫升，生抽3毫升，料酒4毫升，水淀粉4毫升，食用油适量

相宜	排骨+西洋参	滋养生津	相克	排骨+苦瓜	阻碍钙质吸收
	排骨+洋葱	抗衰老		排骨+甘草	对身体不利

 1.将洗净去皮的莲藕切丁；锅中注水烧开，倒入排骨，汆去血水，捞出沥干。

 2.用油起锅，放入八角、桂皮、姜片，爆香，倒入排骨，翻炒匀，淋入料酒，加生抽，炒香。

 3.加适量清水，放入莲藕，放盐、老抽，大火煮沸，用小火焖35分钟。

 4.加入青红椒和洋葱，炒匀，放鸡粉，大火收汁后用水淀粉勾芡即可。

小贴士　排骨含有蛋白质、脂肪、维生素A、维生素E及多种微量元素，具有滋阴壮阳、益精补血等作用。

上汤鸡汁芦笋

材料	芦笋100克，腊肉片20克，水发竹荪35克，清鸡汤200毫升	调料	鸡粉2克，盐2克，生抽5毫升

相宜	芦笋+黄花菜　养血除烦 芦笋+冬瓜　　降压降脂	相克	芦笋+羊肉　导致腹痛 芦笋+羊肝　降低营养价值

 1.洗好的竹荪切段；洗净去皮的芦笋切小段。

 2.在鸡汤里加入鸡粉、盐、生抽，拌匀。

 3.将芦笋插入竹荪里，摆入盘中，再放上腊肉片，浇上调好的鸡汤。

 4.蒸锅上火烧开，放入食材，蒸约15分钟至食材熟透，取出蒸好的菜肴即可。

小贴士	芦笋含有胡萝卜素、膳食纤维、香豆素、挥发油、硒、钼、铬、锰等营养成分，具有增进食欲、清热解毒、增强免疫力等功效。

冬瓜红豆汤

材料	冬瓜300克，水发红豆180克	调料	盐3克

相宜	红豆+粳米	益脾胃、通乳汁	相克	红豆+羊肝	引起身体不适
	红豆+南瓜	润肤、止咳、减肥		红豆+羊肚	导致水肿、腹泻

1.洗净去皮的冬瓜切块，再切条，改切成丁。

2.砂锅中注入清水烧开，倒入洗净的红豆，炖30分钟至红豆熟软。

3.放入冬瓜丁，炖20分钟至食材熟透。

4.放入盐，拌匀，盛出煮好的汤料，装入碗中即成。

小贴士　红豆含有钾、钙、镁、铁、铜等营养成分，具有益气补血、健胃生津、化湿补脾、增强免疫力等功效。

冬瓜银耳莲子汤

<table>
<tr><td>材料</td><td>冬瓜300克，水发银耳100克，水发莲子90克</td><td>调料</td><td>冰糖30克</td></tr>
</table>

相宜		相克	
冬瓜+海带	降低血压	冬瓜+鲫鱼	导致身体脱水
冬瓜+芦笋	降低血脂	冬瓜+醋	降低营养价值

 1.洗净的冬瓜去皮，切丁；洗好的银耳切小块。

 2.砂锅中注入清水烧开，倒入莲子、银耳，煮20分钟，至食材熟软。

 3.倒入冬瓜丁，拌匀，再煮15分钟，至冬瓜熟软。

 4.放入冰糖，拌匀，续煮至冰糖溶化，将煮好的汤料盛出，装入汤碗中即可。

小贴士　　冬瓜含有抗坏血酸、维生素B_2、维生素B_1及钾、钙、锌等营养物质，其钾含量显著高于钠含量，属典型的高钾低钠型蔬菜，对需进食低钠食物的高血压病患者大有益处。

双椒鸡丝

材料	鸡胸肉250克，青椒75克，彩椒35克，红小米椒25克，花椒少许	调料	盐2克，鸡粉、胡椒粉各少许，料酒6毫升，水淀粉、食用油各适量

相宜	鸡肉+人参　止渴生津 鸡肉+冬瓜　排毒养颜	相克	鸡肉+芹菜　易伤元气 鸡肉+大蒜　引起消化不良

1.将洗净的青椒去籽，切细丝；洗好的彩椒切细丝；洗净的红小米椒切小段；洗好的鸡胸肉切细丝。

2.把肉丝装入碗中，加入1克盐、3毫升料酒、水淀粉，拌匀，再腌渍约10分钟。

3.用油起锅，倒入肉丝、花椒、红小米椒，淋入3毫升料酒，炒出辣味。

4.加入青椒丝、彩椒丝、1克盐、鸡粉、胡椒粉、水淀粉，炒匀，盛出炒好的菜肴，装入盘中即成。

小贴士	鸡胸肉含有蛋白质、维生素A、B族维生素、钙、磷、铁等营养成分，具有温中益气、补虚填精、健脾胃、活血脉、强筋骨等功效。

奶油炖菜

材料	去皮胡萝卜80克，春笋100克，口蘑50克，去皮土豆150克，西蓝花100克，奶油、黄油各5克，面粉35克	调料	盐1克，黑胡椒粉1克，料酒5毫升

相宜	西蓝花+胡萝卜　预防消化系统疾病 西蓝花+西红柿　防癌抗癌	相克	西蓝花+牛奶　影响钙质吸收

1.洗净的口蘑去柄；洗好的胡萝卜切滚刀块；洗净的春笋切开，改切滚刀块；洗好的土豆切滚刀块；洗好的西蓝花切小朵。

2.锅中注水烧开，倒入春笋、料酒，拌匀，焯煮约20分钟至去除其苦涩味，捞出焯好的春笋。

3.另起锅，加入黄油、面粉，拌匀，注入清水，烧热，倒入春笋、胡萝卜、口蘑、土豆，拌匀，炖约15分钟至食材熟透。

4.放入西蓝花、盐、奶油、黑胡椒粉，拌匀，盛出煮好的炖菜，装盘即可。

小贴士	西蓝花含有丰富的维生素C、胡萝卜素、B族维生素、钙、磷、铁等多种营养物质，具有保护心血管、提高人体防癌功能、降低血脂等功效。

香甜薯条

材料	红薯350克，黄油40克	调料	白糖15克，盐、食用油各少许

相宜	红薯+大米　促进消化	相克	红薯+柿子　易导致肠胃不适 红薯+鸡蛋　不消化，易腹痛

 1.洗净去皮的红薯切开，切片，再切成条。

 2.将红薯条放入清水中，加入盐，拌匀，锅中注入清水烧开，放入红薯条，煮约1分30秒至其断生，捞出，沥干水分。

 3.热锅注油，放入红薯条，拌匀，炸约2分钟至其呈金黄色，捞出炸好的红薯条，沥干水分。

 4.另起锅，放入黄油、红薯条，炒匀，加入白糖，炒约1分30秒至其入味，盛出炒好的薯条，装盘即可。

小贴士　红薯含有淀粉、果胶、纤维素、维生素及多种矿物质，具有保护心脏、促进消化、增强记忆力等功效。

山药木耳炒核桃仁

材料	山药90克，水发木耳40克，西芹50克，彩椒60克，核桃仁30克，白芝麻少许	调料	盐3克，白糖10克，生抽3毫升，水淀粉4毫升，食用油适量

相宜	黑木耳+黄豆芽　　提供全面营养 黑木耳+黄瓜　　　排毒瘦身、补血养颜	相克	黑木耳+田螺　　对消化不利 黑木耳+咖啡　　不利于铁的吸收

 1.山药切片；木耳、彩椒、西芹切小块。

 2.锅中注水烧开，加1克盐、食用油，倒入山药、木耳、西芹、彩椒，煮断生，捞出。

 3.用油起锅，倒入核桃仁，炸香，捞出与白芝麻拌匀；锅底留油，加5克白糖，倒入核桃仁，炒匀；盛出装碗，撒上白芝麻，拌匀。

 4.热锅注油，倒入焯过水的食材，翻炒匀；加2克盐、生抽、5克白糖，炒匀调味；淋入水淀粉勾芡；盛出装盘，放上核桃仁即可。

小贴士　黑木耳含有木耳多糖、维生素K、钙、磷、铁及磷脂、烟酸等营养成分，能抑制血小板凝结，减少血液凝块，预防血栓的形成，对高血压有食疗作用。

彩椒圈太阳花煎蛋

材料	彩椒150克，鸡蛋2个	调料	盐、胡椒粉各少许，食用油适量

相宜	鸡蛋+羊肉　延缓衰老 鸡蛋+韭菜　保肝护肾	相克	鸡蛋+甲鱼　对身体不利 鸡蛋+葱　引起腹泻

 1.洗净的彩椒切圈，去籽；鸡蛋分别打入两个碗中。

 2.煎锅置于旺火上烧热，倒入食用油，放入彩椒圈。

 3.分别倒入鸡蛋，煎至鸡蛋呈乳白色。

 4.撒上盐、胡椒粉，煎至八成热，用余温再煎片刻至食材熟透，.盛出煎好的鸡蛋，装盘即可。

小贴士　鸡蛋具有益精补气、润肺利咽、清热解毒、护肤美肤、滋阴润燥、养血息风的作用，有助于延缓衰老。幼儿常食可增强免疫力，促进骨骼发育。

彩椒山药炒玉米

材料	鲜玉米粒60克，彩椒25克，圆椒20克，山药120克	调料	盐2克，白糖2克，鸡粉2克，水淀粉10毫升，食用油适量

相宜	玉米+花菜 健脾益胃、助消化 玉米+洋葱 生津止渴	相克	玉米+田螺 对身体不利 玉米+红薯 造成腹胀

 1.洗净的彩椒切块；洗好的圆椒切块；洗净去皮的山药切丁。

 2.锅中注入清水烧开，倒入玉米粒、山药、彩椒、圆椒、食用油、1克盐，拌匀，煮至断生，捞出焯过水的食材，沥干水分。

 3.用油起锅，倒入焯过水的食材，炒匀。

 4.加入1克盐、白糖、鸡粉、水淀粉，炒匀，盛出炒好的菜肴即可。

小贴士 玉米含有蛋白质、亚油酸、膳食纤维、钙、磷等营养成分，具有促进大脑发育、降血脂、降血压、软化血管等功效。

拔丝莲子

材料	鲜莲子100克，面粉30克，生粉、熟白芝麻各适量	调料	白糖35克，食用油适量

相宜	莲子+红薯　通便、美容 莲子+百合　清心安神	相克	莲子+蟹　产生不良反应 莲子+龟　产生不良反应

1.锅中注水烧热，放入洗净的莲子，煮约6分钟，至食材断生后捞出，沥干水分。

2.面粉装入小碗中，注入清水，拌匀，倒入煮好的莲子，拌匀，取出莲子，滚上生粉，制成生坯。

3.热锅注油，倒入莲子，搅匀，炸至食材熟透，捞出炸好的莲子，沥干油。

4.用油起锅，放入白糖，炒匀，熬至暗红色，倒入炸熟的莲子，炒匀，盛出菜肴，装入盘中撒上熟白芝麻，食用时拔出糖丝即成。

小贴士	莲子含有蛋白质、棕榈酸、亚油酸、亚麻酸、钙、磷、铁等营养成分，具有补脾止泻、益肾固精、养心安神等功效。

春笋仔鲍炖土鸡

| **材料** | 土鸡块300克，竹笋160克，鲍鱼肉60克，姜片、葱段各少许 | **调料** | 盐、鸡粉、胡椒粉、料酒各适量 |

| **相宜** | 鲍鱼+竹笋　营养丰富
鲍鱼+白萝卜　滋阴清热、平肝滋阳 | **相克** | 鲍鱼+冬瓜　易脱水
鲍鱼+牛肝　引起身体不适 |

1. 洗净去皮的竹笋切成片；处理好的鲍鱼肉切片。

2. 锅中注水烧开，倒入竹笋、料酒，煮断生，捞出；倒入鲍鱼，煮去腥味，捞出；倒入土鸡块，汆去血水，淋入料酒，去除腥味，捞出。

3. 砂锅中注入清水烧热，放入姜片、葱段、鸡块、鲍鱼、竹笋、料酒，炖约1小时至食材熟透。

4. 加入盐、鸡粉、胡椒粉，拌匀，煮至食材入味，盛出炖好的菜肴即可。

| **小贴士** | 鲍鱼含有蛋白质、维生素A、钙、铁、碘等营养成分，具有补虚、滋阴、润肺、清热、养肝明目等功效。 |

核桃仁黑豆浆

材料	水发黑豆100克，核桃仁40克	调料	白糖5克

相宜	核桃+鳝鱼　降低血糖 核桃+红枣　美容养颜	相克	核桃+野鸭　影响营养物质吸收 核桃+甲鱼　对身体不利

 1.取榨汁机，倒入洗净的黑豆，注入矿泉水，盖好盖子，搅拌一会儿，榨出汁水，用隔渣袋滤去豆渣，将豆汁装入碗中。

 2.取榨汁机，倒入豆汁、核桃仁，盖好盖子，搅拌片刻，至核桃仁变成细末，即成生豆浆。

 3.砂锅中倒入生豆浆，盖上盖，续煮至汁水沸腾。

 4.揭盖，加入白糖，拌匀，续煮片刻，至白糖溶化，再掠去浮沫，盛出即成。

小贴士　核桃仁含有维生素B_1、维生素B_2、维生素B_6、铜、镁、钾、磷、铁、叶酸等营养成分，有促进血液循环、稳定血压的作用，常食对动脉硬化、高血压病均有益处。

核桃黑芝麻酸奶

材料 酸奶200克，核桃仁30克，草莓20克，黑芝麻10克

相宜
核桃仁+鳝鱼　降低血糖
核桃仁+红枣　美容养颜

相克
核桃仁+白酒　易导致血热
核桃仁+黄豆　易引发消化不良

 1.将洗净的草莓切小块。

 2.锅置火上烧热，放入洗净的黑芝麻，炒匀，至其散出香味，盛出炒好的黑芝麻，装入盘中。

 3.取备好的杵臼，倒入核桃仁，压碎，放入黑芝麻，再碾压片刻，至材料呈粉末状，将捣好的材料倒出，装入盘中，即成核桃粉。

 4.另取一个干净的玻璃杯，放入草莓、酸奶，再均匀地撒上核桃粉即可。

小贴士 　　酸奶由鲜奶发酵而来，其中钙、磷等矿物质都不发生变化，但发酵后产生的乳酸，可有效地提高钙、磷在人体中的利用率，所以酸奶中的钙、磷更容易被人体吸收。

清蒸开屏鲈鱼

材料	鲈鱼500克，姜丝、葱丝、彩椒丝各少许	调料	盐2克，鸡粉2克，胡椒粉、蒸鱼豉油各少许，料酒8毫升，食用油适量

相宜	鲈鱼+生姜　补虚养身、健脾开胃 鲈鱼+胡萝卜　延缓衰老	相克	鲈鱼+奶酪　影响钙的吸收

 1.将处理好的鲈鱼切去背鳍，再切下鱼头，鱼背部切一字刀，切相连的块状。

 2.把鲈鱼装入碗中，放入盐、鸡粉、胡椒粉、料酒，抓匀，腌渍10分钟。

 3.把腌渍好的鲈鱼放入盘中，摆放成孔雀开屏的造型，放入烧开的蒸锅中，蒸7分钟。

 4.把蒸好的鲈鱼取出，放上备好的姜丝、葱丝、彩椒丝，浇上热油，最后加入蒸鱼豉油即可。

小贴士	鲈鱼含有蛋白质、维生素、钙、磷、铁、铜和氧化酶、核酸等营养成分，具有降低胆固醇、降血脂的作用，是高血脂病患者的理想食材。

清蒸莲藕丸子

材料	莲藕300克，猪肉泥100克，糯米粉80克	调料	鸡粉2克，盐少许，食用油适量

相宜	莲藕+芹菜　调理经血 莲藕+鳝鱼　强肾壮阳	相克	莲藕+菊花　腹泻 莲藕+人参　药性相反

 1.洗净去皮的莲藕切开，再切条，改切成丁，将藕丁拍碎，再切成末。

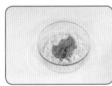 2.将莲藕末装入碗中，放入猪肉泥、鸡粉、盐、糯米粉，搅拌成泥。

 3.取一个干净的盘子，淋上食用油，用手抹匀，用手将肉泥挤成丸子，装入盘中。

 4.将丸子放入烧开的蒸锅，盖上盖，蒸至丸子熟透，把蒸熟的丸子取出即可。

小贴士	莲藕具有滋阴养血的功效，可以补五脏之虚、强壮筋骨、补血养血、清热润肺、凉血行瘀、健脾开胃、止泻固精的作用。

玉米拌豆腐

材料	玉米粒150克，豆腐200克	调料	白糖3克

相宜	玉米+花菜	健脾益胃、助消化	相克	玉米+田螺	对身体不利
	玉米+洋葱	生津止渴		玉米+红薯	造成腹泻

1.洗净的豆腐，切厚片，切粗条，改切成丁。

2.蒸锅注水烧开，放入装有玉米粒和豆腐丁的盘子。

3.加盖，用大火蒸30分钟至熟透。

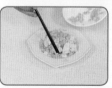

4.取出蒸好的食材，备盘，放入蒸熟的玉米粒、豆腐，趁热撒上白糖即可食用。

小贴士	玉米含有淀粉、蛋白质、脂肪、膳食纤维、B族维生素等多种营养成分，具有利尿、降压、利胆、降血糖、防癌抗癌等多种作用。

白菜炒菌菇

材料	大白菜200克，蟹味菇60克，香菇50克，姜片、葱段各少许	调料	盐3克，鸡粉少许，蚝油5克，水淀粉、食用油各适量

相宜	白菜+猪肉　补充营养，通便 白菜+猪肝　保肝护肾	相克	白菜+羊肝　破坏维生素C 白菜+黄瓜　降低营养价值

 1.将洗净的蟹味菇切去老茎；洗好的香菇切片；洗净的大白菜切小块。

 2.锅中注入清水烧开，加入盐、食用油、白菜块、香菇、蟹味菇，拌匀，煮约半分钟，捞出焯煮好的食材，沥干水分。

 3.用油起锅，放入姜片、葱段，爆香，倒入焯煮过的食材，再加入蚝油、鸡粉、盐，炒匀。

 4.倒入水淀粉，炒一会儿，至食材入味，盛出炒好的食材，装入盘中即成。

小贴士　白菜含有钙、磷、铁、锌及多种维生素，有通利肠胃、止咳化痰的功效。此外，白菜还含有较多的膳食纤维，有润肠通便的作用，有利于缓解小儿便秘症状。

白萝卜炖鹌鹑

材料	白萝卜300克，鹌鹑肉200克，党参3克，红枣、枸杞各2克，姜片少许	调料	盐2克，鸡粉2克，料酒9毫升，胡椒粉适量

相宜	白萝卜+豆腐 促进吸收 白萝卜+羊肉 降低血脂	相克	白萝卜+黄瓜 破坏维生素C 白萝卜+黑木耳 易引发皮炎

1.洗净去皮的白萝卜切厚片，再切条形，用斜刀切块，待用。

2.锅中注水烧开，倒入鹌鹑肉，汆去血渍，淋入5毫升料酒，拌匀，去除腥味，捞出汆煮好的鹌鹑肉，装盘。

3.砂锅中注入清水烧开，加入鹌鹑肉、姜片、党参、枸杞、红枣、4毫升料酒，拌匀，煲煮约30分钟。

4.倒入白萝卜，拌匀，续煮约15分钟至食材熟透，加入盐、鸡粉、胡椒粉，拌匀，盛出煮好的汤料即可。

小贴士	白萝卜能促进新陈代谢、增进食欲、化痰清热、帮助消化，对食积胀满、吐血、消渴、头痛、排尿不利等症有食疗作用。

干煸芋头牛肉丝

材料	牛肉270克，鸡腿菇45克，芋头70克，青椒15克，红椒10克，姜丝、蒜片各少许	调料	盐3克，白糖、食粉各少许，料酒4毫升，生抽6毫升，食用油适量

相宜	牛肉+枸杞　养血补气 牛肉+南瓜　排毒止痛	相克	牛肉+白酒　导致上火 牛肉+红糖　引起腹胀

1.将去皮洗净的芋头切丝，用油炸成金黄色；洗好的鸡腿菇切粗丝，油炸片刻。

2.洗净的红椒、青椒切丝；洗净的牛肉切丝，加姜丝、料酒、1克盐、食粉、3毫升生抽，腌渍约15分钟。

3.起油锅，撒上姜丝，放入蒜片，爆香，倒入肉丝，炒转色，倒入红椒丝、青椒丝，炒透。

4.放入芋头丝和鸡腿菇，炒散，加2克盐、3毫升生抽、白糖，炒熟透即可。

小贴士	牛肉含有蛋白质、膳食纤维、维生素A、视黄醇、维生素B_1、烟酸以及钙、磷、镁、钾等营养元素，具有补充体力、益气血、强筋骨、消水肿等功效。

红薯烧口蘑

材料	红薯160克，口蘑60克	**调料**	盐、鸡粉、白糖各2克，料酒5毫升，水淀粉、食用油各适量

相宜	口蘑+鸡肉　　补中益气 口蘑+鹌鹑蛋　防治肝炎	**相克**	口蘑+味精　鲜味反失

 1.红薯切成块；口蘑切成小块，待用。

 2.锅中注水烧开，倒入口蘑，淋入料酒，略煮一会儿，捞出。

 3.用油起锅，倒入红薯，炒匀；倒入口蘑，翻炒匀；注入清水，炒匀。

 4.加盐、鸡粉、白糖，中火炒至食材入味；淋入水淀粉勾芡即可。

小贴士　　口蘑含有维生素E、膳食纤维、叶酸、硒、钙、镁、锌、铁、钾等营养成分，具有改善便秘、促进排毒、增强免疫力等功效。

翡翠玉卷

材料	包菜240克，胡萝卜80克，金针菇90克，竹笋100克，姜丝少许	调料	盐3克，鸡粉2克，生抽3毫升，水淀粉、食用油各适量

相宜	金针菇+豆腐　降脂降压 金针菇+豆芽　清热解毒	相克	金针菇+驴肉　不利于健康

1.将洗净的金针菇切除根部；洗好去皮的竹笋切丝；去皮洗净的胡萝卜切细丝。

2.锅中注水烧开，放入包菜煮软，捞出；再倒入竹笋丝，煮断生后捞出；油爆姜丝，倒入竹笋丝、胡萝卜丝、金针菇、清水，炒软。

3.加1克盐、1克鸡粉、生抽，炒匀，盛出装盘，制成馅料；取煮软的包菜叶，铺开，盛入馅料，包好，制成数个包菜卷，放在蒸盘中。

4.蒸锅上火烧开，放入蒸盘，蒸至食材熟透，取出；炒锅中注水烧开，加2克盐、1克鸡粉、水淀粉，调成味汁，浇在包菜卷上即成。

小贴士	金针菇含有B族维生素、维生素C、胡萝卜素、植物血凝素、多糖、冬菇细胞毒素以及锌、镁、钾等矿物质，有缓解疲劳、抑制癌细胞、增强身体免疫力等功效。

肉末西芹炒胡萝卜

材料	西芹160克，胡萝卜120克，肉末65克	调料	料酒4毫升，盐2克，鸡粉2克，水淀粉4毫升，食用油适量

相宜	胡萝卜+香菜　开胃消食 胡萝卜+菠菜　防止中风	相克	胡萝卜+柑橘　降低营养价值 胡萝卜+山楂　破坏维生素C

 1.洗净的西芹切成粒；洗净去皮的胡萝卜切粒。

 2.锅中注入清水烧开，倒入胡萝卜，煮至断生，捞出，沥干水分。

 3.用油起锅，倒入肉末、料酒、西芹，炒匀。

 4.放入胡萝卜、盐、鸡粉、水淀粉，炒至食材入味，盛出炒好的菜肴即可。

小贴士　　胡萝卜含有蔗糖、葡萄糖、淀粉、胡萝卜素、钾、钙、磷等营养成分，具有益肝明目、健脾除疳、增强免疫力等功效。

芦笋煨冬瓜

材料	冬瓜230克，芦笋130克，蒜末、葱花各少许
调料	盐1克，鸡粉1克，水淀粉、芝麻油、食用油各适量

相宜	冬瓜+海带　降低血压 冬瓜+芦笋　降低血脂	相克	冬瓜+醋　降低营养价值

 1.洗净的芦笋用斜刀切段；洗好去皮的冬瓜去瓤，切成小块。

 2.锅中注水烧开，倒入冬瓜块、食用油，煮约半分钟，倒入芦笋段，拌匀，煮约半分钟，至食材断生，捞出焯煮好的材料，沥干水分。

 3.用油起锅，放入蒜末，爆香，倒入焯过水的材料，翻炒均匀。

 4.加入盐、鸡粉、清水，炒匀，煮约半分钟，至食材熟软，倒入水淀粉、芝麻油，炒至食材入味，盛出锅中的食材，撒上葱花即可。

小贴士	冬瓜含有蛋白质、维生素、钾、钠、钙、铁、锌、铜、磷、硒等营养成分，具有清热祛暑、润肤生肌、解毒排脓等功效。

芦笋鲜蘑菇炒肉丝

材料	芦笋75克，口蘑60克，猪肉110克，蒜末少许	调料	盐2克，鸡粉2克，料酒5毫升，水淀粉、食用油各适量

相宜	芦笋+黄花菜　养血、止血、除烦 芦笋+冬瓜　降压降脂	相克	芦笋+羊肉　导致腹痛 芦笋+羊肝　降低营养价值

1.洗净的口蘑切条形；洗好的芦笋切条形；洗净的猪肉切细丝，装入碗中，加入盐、鸡粉、水淀粉、食用油，拌匀，腌渍10分钟。

2.锅中注水烧开，加入盐，放入口蘑、食用油，略煮一会儿，倒入芦笋，拌匀，煮至其断生，捞出焯煮好的食材，沥干水分。

3.热锅注油，烧至四五成热，倒入肉丝，滑油至变色，捞出肉丝。

4.油爆蒜末，放入焯过水的食材，炒匀，加入猪肉丝、料酒、盐、鸡粉、水淀粉，炒至食材入味，盛出炒好的菜肴，装入碗中即可。

小贴士	芦笋含有膳食纤维、维生素、天冬酰胺、硒、钼、铬、锰等营养成分，具有调节机体代谢、增强免疫力等功效。

花生银耳牛奶

材料　花生80克，水发银耳150克，牛奶100毫升

相宜	花生+醋　　增进食欲、降血压 花生+芹菜　预防心血管疾病	相克	花生+蕨菜　易导致腹泻、消化不良 花生+肉桂　降低营养

1.将洗好的银耳切成小块，备用。

2.砂锅中注入清水烧开，放入洗净的花生米，加入银耳，拌匀。

3.盖上盖，烧开后用小火煮20分钟。

4.揭开盖，倒入牛奶，搅拌均匀，大火煮沸，将煮好的花生银耳牛奶盛出，装入碗中即可。

小贴士　花生含有油酸与维生素E，可以强化血管；其还含有白藜芦醇，能够使血流顺畅，预防动脉硬化，从而有效降低血压。

135

茭白炒荷兰豆

材料	茭白120克，水发木耳45克，彩椒50克，荷兰豆80克，蒜末、姜片、葱段各少许	调料	盐3克，鸡粉2克，蚝油5克，水淀粉5毫升，食用油适量

相宜	荷兰豆+蘑菇　开胃消食 荷兰豆+红糖　健脾、通乳、利水	相克	荷兰豆+菠菜　影响钙的吸收 荷兰豆+虾　对身体不利

 1.洗净的荷兰豆切段；洗好去皮的茭白切片；洗净的彩椒切小块；洗好的木耳切小块，备用。

 2.锅中注水烧开，放入1克盐、食用油、茭白、木耳，搅散，煮至五成熟，再倒入彩椒、荷兰豆，煮至断生，捞出，沥干水分。

 3.用油起锅，放入蒜末、姜片、葱段，爆香，倒入焯好的食材，炒匀。

 4.放入2克盐、鸡粉、蚝油、水淀粉，炒匀，盛出炒好的食材，装入盘中即可。

小贴士	荷兰豆含有膳食纤维、胡萝卜素、B族维生素、维生素C、维生素E、钾、镁、钙等营养素，有健脾养胃、润肠通便的功效，有助于防治宝宝便秘。

蘑菇浓汤

| 材料 | 口蘑65克，奶酪20克，黄油10克，面粉12克，鲜奶油55克 | 调料 | 盐、鸡粉、鸡汁各少许，芝麻油、水淀粉、食用油各适量 |

| 相宜 | 口蘑+鸡肉　补中益气
口蘑+鹌鹑蛋　防治肝炎 | 相克 | 口蘑+味精　鲜味反失 |

 1.洗净的口蘑去蒂，切成小丁块。

 2.锅中注水烧开，加入盐、鸡粉、口蘑，拌匀，煮1分钟至其七成熟，捞出焯煮好的口蘑，沥干水分。

 3.炒锅注油烧热，倒入黄油，煮至溶化，放入面粉、清水、口蘑、鸡汁，拌匀，煮至沸腾。

 4.放入奶酪、盐、鲜奶油，煮成黏稠状，淋入芝麻油、水淀粉，拌匀，盛出煮好的食材，装入碗中即可。

| 小贴士 | 口蘑含有蛋白质、纤维素、维生素D、维生素E、钾、镁、磷等营养成分，具有预防便秘、促进排毒、增强免疫力等功效。 |

蛋白鱼丁

材料	蛋清100克，红椒10克，青椒10克，鱼肉100克	调料	盐2克，鸡粉2克，料酒4毫升，水淀粉、食用油各适量

相宜	蛋清+羊肉　延缓衰老 蛋清+菠菜　养心润肺、安神	相克	蛋清+兔肉　导致腹泻 蛋清+甲鱼　对身体不利

 1.红椒切成小块；青椒切成小块，备用。

 2.鱼肉切成丁，装入碗中，加1克盐、1克鸡粉、水淀粉，腌渍10分钟。

 3.热锅注油，倒入鱼肉、青椒、红椒，炒匀；加1克盐、1克鸡粉、料酒，炒匀调味。

 4.倒入备好的蛋清，快速翻炒均匀即可。

小贴士	蛋清营养丰富，能益精补气、润肺利咽、清热解毒，还具有护肤美肤的作用，有助于延缓衰老，还能促进小儿大脑发育。

蜂蜜玉米汁

材料	鲜玉米粒100克	调料	蜂蜜15克

相宜	玉米+花菜　健脾益胃、助消化 玉米+大豆　营养更均衡	相克	玉米+田螺　对身体不利 玉米+红薯　易造成腹胀

 1.取榨汁机，将洗净的玉米粒装入搅拌杯中，加入纯净水，榨取果玉米汁。

 2.将榨好的玉米汁倒入锅中，拌匀。

 3.盖上盖，加热，煮至沸。

 4.揭开盖子，加入蜂蜜，搅拌，使玉米汁味道均匀，盛出煮好的玉米汁，装入杯中，放凉即可饮用。

小贴士　玉米含有钙、谷胱甘肽、胡萝卜素、维生素C、维生素E、脂肪酸、钙、镁、硒等营养成分，有健脾益胃的功效，能有效改善脾胃不和引起的睡眠质量下降。

西芹炒核桃仁

材料	西芹100克，猪瘦肉140克，核桃仁30克，枸杞、姜片、葱段各少许	调料	盐4克，鸡粉2克，水淀粉3毫升，料酒8毫升，食用油适量

相宜	核桃+鳝鱼　降低血糖 核桃+红枣　美容养颜	相克	核桃+白酒　易导致血热 核桃+甲鱼　对健康不利

1.洗净的西芹切段；洗好的猪瘦肉切丁，装入碗中，加盐、鸡粉、水淀粉、食用油，拌匀，腌渍10分钟。

2.锅中注入清水烧开，加入食用油、盐、西芹，搅散，煮1分钟，将煮好的西芹捞出，沥干水分。

3.热锅注油，烧至三成热，放入核桃仁，将核桃仁炸出香味，捞出炸好的核桃仁。

4.锅底留油，倒入肉丁、料酒、姜片、葱段，炒匀，加入西芹、盐、鸡粉、枸杞，炒匀，盛出炒好的食材，装入盘中，撒上核桃仁即可。

小贴士	核桃仁含有蛋白质、纤维素、胡萝卜素、维生素B$_1$及钙、磷、铁等营养物质，有预防动脉硬化、降低胆固醇含量的功效。

蚝油黄蘑鸡块

材料 鸡块300克，水发黄蘑150克，姜片、蒜片、香菜碎各少许

调料 盐3克，鸡粉少许，蚝油6克，老抽3毫升，料酒5毫升，生抽6毫升，水淀粉、食用油各适量

相宜 鸡肉+冬瓜　排毒养颜
鸡肉+栗子　增强造血功能

相克 鸡肉+芥菜　影响身体健康
鸡肉+糯米　引起消化不良

 1.将洗净的黄蘑切段；用油起锅，倒入洗净的鸡块，炒匀，至其转色。

 2.撒上姜片、蒜片，炒香，淋上料酒，炒匀，放入生抽、蚝油，翻炒几下，倒入切好的黄蘑，炒匀。

 3.加入老抽，炒匀上色，注入清水，加入盐，拌匀，烧开后转小火焖至食材熟透。

 4.加鸡粉调味，再用水淀粉勾芡，至汤汁收浓，盛在盘中，摆好盘，点缀上香菜碎即可。

小贴士 鸡肉含有蛋白质、B族维生素、维生素E、卵磷脂以及钙、磷、铁等营养成分，具有温中益气、补虚填精、健脾胃、活血脉、强筋骨等功效。

豆腐蒸鹌鹑蛋

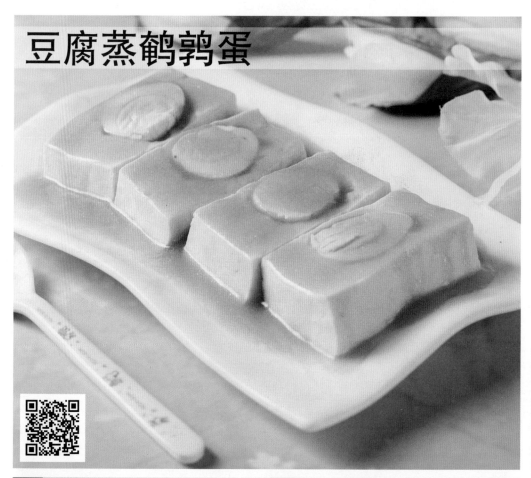

材料	豆腐200克，熟鹌鹑蛋45克，肉汤100毫升	调料	鸡粉2克，盐少许，生抽4毫升，水淀粉、食用油各适量

相宜	豆腐+韭菜　治便秘 豆腐+姜　润肺止咳	相克	豆腐+葱　影响钙吸收 豆腐+鸡蛋　影响蛋白质吸收

 1.洗好的豆腐切成条形；熟鹌鹑蛋去皮，对半切开。

 2.把豆腐装入蒸盘，挖小孔，再放入鹌鹑蛋，摆好，压平，撒上盐。

 3.蒸锅上火烧开，放入蒸盘，蒸熟，取出蒸盘。

 4.用油起锅，倒入肉汤、生抽、鸡粉、盐、水淀粉，搅匀，制成味汁，盛出味汁，浇在豆腐上即可。

小贴士　鹌鹑蛋的营养价值不亚于鸡蛋，含丰富的蛋白质、卵磷脂、赖氨酸、胱氨酸、维生素A、维生素B$_2$、维生素B$_1$、铁、磷、钙等营养物质，可补气益血、强筋壮骨，非常适合儿童食用。

酸甜柠檬红薯

材料	红薯200克，柠檬汁40克	调料	白糖5克，食用油适量

相宜	红薯+大米　　促进消化 红薯+柠檬汁　开胃消食	相克	红薯+柿子　　肠胃出血 红薯+鸡蛋　　不消化，易腹痛

 1.将洗净去皮的红薯切成滚刀块。

 2.用油起锅，加入白糖，炒至溶化，呈暗红色，注入清水，拌匀，煮沸。

 3.倒入切好的红薯，拌匀，煮30分钟。

 4.倒入柠檬汁，拌匀，略煮，盛出煮好的汤水即可。

 小贴士　红薯含有膳食纤维、胡萝卜素、钾、铁、铜、硒、钙等营养成分，具有刺激肠道蠕动、促进消化液的分泌、缓解便秘等功效。

酸甜脆皮豆腐

材料	豆腐250克，生粉20克，酸梅酱适量	调料	白糖3克，食用油适量

相宜	豆腐+韭菜　治便秘 豆腐+油菜　止咳平喘	相克	豆腐+葱　　影响钙吸收 豆腐+红糖　不利于人体吸收

1.将洗净的豆腐切开，再切长方块。

2.滚上一层生粉，制成豆腐生坯，取酸梅酱，加入白糖，拌匀，调成味汁，

3.热锅注油，烧至四五成热，放入豆腐，拌匀。

4.炸约2分钟，至食材熟透，捞出豆腐块，沥干油，装入盘中，浇上味汁即可。

小贴士　豆腐含有蛋白质、B族维生素、叶酸、铁、镁、钾、铜、钙、锌、磷等营养成分，具有补中益气、清热润燥、生津止渴等功效。

醋拌莴笋萝卜丝

材料	莴笋140克，白萝卜200克，蒜末、葱花各少许	调料	盐3克，鸡粉2克，陈醋5毫升，食用油适量

相宜	莴笋+木耳　对高血压、糖尿病等有食疗作用 莴笋+猪肉　补虚强身、丰肌泽肤	相克	莴笋+蜂蜜　造成脾胃呆滞 莴笋+乳酪　引起消化不良

 1.将洗净去皮的白萝卜切细丝；洗好去皮的莴笋切细丝，备用。

 2.锅中注入清水烧开，放入1克盐、食用油、白萝卜丝、莴笋丝，搅匀，再煮约1分钟。

 3.至食材熟软后捞出，沥干水分。

 4.将焯煮好的食材放在碗中，加入蒜末、葱花、2克盐、鸡粉、陈醋，拌至食材入味，取盘子，放入拌好的食材，摆好即成。

小贴士　莴笋的矿物质、维生素含量较高，尤其是含有较多的烟酸。烟酸是胰岛素的激活剂，糖尿病患者经常吃些莴笋，可改善糖的代谢功能。

青木瓜煲鲢鱼

材料	鲢鱼450克，木瓜160克，红枣15克，姜片、葱段各少许	调料	盐3克，料酒8毫升，橄榄油适量

相宜	鲢鱼+豆腐　解毒美容 鲢鱼+丝瓜　生血通乳	相克	鲢鱼+西红柿　不利于营养的吸收 鲢鱼+甘草　对身体不利

1.洗净去皮的木瓜去瓤，切小块；处理干净的鲢鱼切块，装入碗中，加盐、料酒，拌匀，腌渍约10分钟。

2.锅置火上，加入橄榄油，放鱼块，煎至两面断生，撒上姜片、葱段，炒出香味。

3.将锅中的材料盛入砂锅中，将砂锅置于火上，加入清水、木瓜块、红枣，搅匀，煮约10分钟。

4.放入适量盐、料酒，煮至食材熟透，盛出，装入碗中即可。

小贴士	鲢鱼含有蛋白质、维生素A、钙、镁、钾、磷等营养成分，具有利水祛湿、开胃消食、增强免疫力等功效。

青橄榄鸡汤

材料	鸡肉350克，玉米棒150克，胡萝卜70克，青橄榄40克，姜片、葱花各少许	调料	鸡粉2克，胡椒粉少许，盐2克，料酒6毫升

相宜	鸡肉+枸杞　补五脏、益气血 鸡肉+人参　止渴生津	相克	鸡肉+芹菜　易伤元气 鸡肉+大蒜　引起消化不良

1.洗净的胡萝卜切小块；洗好的玉米棒切厚块；洗净的鸡肉斩切小块。

2.锅中注入清水烧开，放入鸡肉块，煮约半分钟，汆去血水，捞出汆煮好的鸡肉块，沥干水分。

3.砂锅中倒入清水烧开，倒入鸡块、青橄榄、姜片、玉米、胡萝卜、料酒，拌匀，煮40分钟至食材熟透。

4.撇去浮沫，加入盐、鸡粉、胡椒粉，拌匀，略煮片刻至汤汁入味，盛出煮好的汤料，装入碗中，放入葱花即可。

小贴士　鸡肉蛋白质含量高，而脂肪含量低，还含有维生素、磷、铁、铜、锌等营养成分，具有增强免疫力、温中益气、补虚填精、健脾胃、活血脉、强筋骨等功效。

香蕉牛奶鸡蛋羹

材料　香蕉1个，鸡蛋2个，牛奶250毫升

相宜
香蕉+燕麦　改善睡眠
香蕉+芝麻　养心安神

相克
香蕉+芋头　会腹胀
香蕉+红薯　引起身体不适

1.洗好的香蕉剥皮，把果肉压成泥。

2.将鸡蛋打入碗中，调匀，倒入香蕉泥、牛奶，拌匀，制成牛奶鸡蛋液。

3.取一个蒸碗，倒入牛奶鸡蛋液，蒸锅上火烧开，放入蒸碗。

4.蒸10分钟至熟，取出蒸碗即可。

小贴士　香蕉含有蔗糖、果糖、葡萄糖、膳食纤维、维生素、磷、钾等营养成分，具有润肠通便、润肺止咳、清热解毒等功效。

马蹄玉米炒核桃

材料	马蹄肉200克，玉米粒90克，核桃仁50克，彩椒35克，葱段少许	调料	白糖4克，盐、鸡粉各2克，水淀粉、食用油各适量

相宜	玉米+花菜　健脾益胃 玉米+洋葱　生津止渴	相克	玉米+田螺　对身体不利 玉米+红薯　造成腹胀

 1.洗净的马蹄肉切小块；洗好的彩椒切小块。

 2.锅中注水烧开，倒入玉米粒，煮至断生，倒入马蹄肉、食用油，拌匀，倒入彩椒、2克白糖，拌匀，捞出焯煮好的食材，沥干水分。

 3.用油起锅，倒入葱段，爆香，放入焯过水的食材，炒匀，放入核桃仁，炒香。

 4.加入盐、2克白糖、鸡粉、水淀粉，炒至食材入味，盛出炒好的菜肴即可。

小贴士	玉米含有蛋白质、亚油酸、膳食纤维、胡萝卜素、维生素B$_1$、钙、磷等营养成分，具有促进大脑发育、降血脂、降血压、软化血管等功效。

鲜藕枸杞甜粥

材料	莲藕300克，枸杞10克，水发大米150克	调料	冰糖20克

相宜	莲藕+猪肉　滋阴血、健脾胃 莲藕+鳝鱼　强肾壮阳	相克	莲藕+菊花　腹泻 莲藕+人参　药性相反

 1.洗净的莲藕切块，再切条，改切成丁。

 2.砂锅中注入清水烧开，倒入洗净的大米，拌匀，煮约30分钟。

 3.放入莲藕、枸杞，拌匀，续煮约15分钟至食材熟透。

 4.放入冰糖，拌匀，煮至溶化，盛出煮好的粥，装入碗中即可。

小贴士　　莲藕含有糖类、淀粉、膳食纤维、维生素、钙、磷、铁等营养成分，具有增进食欲、开胃健脾、滋阴养血等功效。

鲜虾花蛤蒸蛋羹

材料	花蛤肉65克，虾仁40克，鸡蛋2个，葱花少许	调料	盐2克，鸡粉2克，料酒4毫升

相宜	花蛤+豆腐　补气养血、美容养颜 花蛤+韭菜　补肾降糖	相克	花蛤+马蹄　降低营养价值 花蛤+芹菜　破坏维生素C

1.洗净的虾仁由背部切开，去除虾线，切小段，装入碗中，放入花蛤肉、料酒，加1克盐、1克鸡粉，拌匀，腌渍约10分钟。

2.鸡蛋打入蒸碗中，加入1克鸡粉、1克盐、温开水、虾仁、花蛤肉，拌匀。

3.蒸锅上火烧开，放入备好的蒸碗。

4.蒸约10分钟，至食材熟透，取出蒸碗，撒上葱花即可食用。

小贴士　花蛤肉含有蛋白质、钙、镁、铁、锌等营养成分，具有滋阴明目、软坚化痰、补钙、补锌等功效。

鸭肉蔬菜萝卜卷

材料	鸭肉140克，水发香菇45克，白萝卜100克，生菜65克

调料	盐2克，料酒8毫升，生抽3毫升，鸡粉2克，水淀粉10毫升，白糖3克，白醋12毫升，食用油适量

相宜	鸭肉+白菜	利于胆固醇代谢
	鸭肉+芥菜	滋阴润肺

相克	鸭肉+甲鱼	导致水肿泄泻
	鸭肉+板栗	对身体不利

1.洗净的香菇去蒂，切细丝；洗好的生菜切除根部，切丝；洗净去皮的白萝卜切薄片；处理干净的鸭肉切丝。

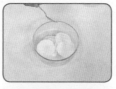

2.将白萝卜装入碗中，加入盐、白糖、白醋，拌匀，腌渍20分钟至其变软。

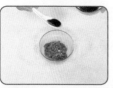

3.将鸭肉装入另一碗中，加入1毫升生抽、4毫升料酒、5毫升水淀粉，拌匀，腌渍15分钟，至其入味。

4.用油起锅，加入鸭肉、香菇、4毫升料酒、2毫升生抽、鸡粉、5毫升水淀粉，炒匀，制成馅料；取萝卜片，依次放入馅料、生菜，卷成卷，装入盘中即可。

小贴士	鸭肉含有蛋白质、维生素B$_1$、维生素E、烟酸、钙、磷、铁等营养成分，具有养胃、补肾、增强免疫力、延缓衰老等功效。

鸳鸯豆角

材料	豆角120克，酸豆角100克，肉末35克，剁椒酱15克，红椒20克，泡小米椒12克，蒜末、姜末、葱花各少许

调料	盐2克，鸡粉少许，料酒4毫升，水淀粉、食用油各适量

相宜	豆角+蒜	防治高血压
	豆角+猪肉	降糖降压

相克	豆角+牛奶	不利于健康
	豆角+蜂蜜	腹痛腹泻

1.将洗净的豆角切长段；洗好的泡小米椒切小段；洗净的红椒切条形；洗好的酸豆角切长段。

2.锅中注入清水烧开，倒入豆角，焯煮约1分钟，至食材断生后捞出；沸水锅中再倒入酸豆角，焯煮一小会儿，去除多余盐分，捞出材料。

3.用油起锅，加入肉末、蒜末、姜末、葱花、泡小米椒、剁椒酱、清水，炒匀。

4.倒入焯过水的材料，放入红椒段、盐、鸡粉、料酒，炒匀，倒入水淀粉，炒至食材熟透，盛出炒好的菜肴，装在盘中即成。

小贴士	豆角含有植物蛋白质、B族维生素、维生素C以及皂苷、血球凝集素等营养素，有清醒头脑、解渴健脾、益气生津等功效。

黄花菜鸡蛋汤

材料	水发黄花菜100克，鸡蛋50克，葱花少许	调料	盐3克，鸡粉2克，食用油适量

相宜	黄花菜+黄瓜　利湿消肿 黄花菜+猪肉　增强体质	相克	黄花菜+鹌鹑　易引发痔疮 黄花菜+驴肉　对身体不利

 1.将洗净的黄花菜切去根部，待用。

 2.将鸡蛋打入碗中，打散、调匀。

 3.锅中注入清水烧开，加入盐、鸡粉、黄花菜、食用油，拌匀，煮约2分钟，至其熟软。

 4.倒入蛋液，边煮边搅拌，略煮一会儿，至液面浮出蛋花，盛出煮好的鸡蛋汤，装入碗中，撒上葱花即成。

小贴士　黄花菜含有B族维生素、膳食纤维、维生素C、钙、胡萝卜素等营养成分，有消炎、清热、利湿的功效。

黄豆焖茄丁

 材料 茄子70克，水发黄豆100克，胡萝卜30克，圆椒15克

 调料 盐2克，料酒4毫升，鸡粉2克，胡椒粉3克，芝麻油3毫升，食用油适量

 相宜 茄子+猪肉　维持血压
茄子+黄豆　润燥消肿

 相克 茄子+蟹　郁积腹中、伤害肠胃
茄子+墨鱼　对身体不利

1.胡萝卜切丁；圆椒切丁；茄子切丁。

2.用油起锅，倒入胡萝卜、茄子，炒匀。

3.注入适量清水，倒入黄豆，加盐、料酒，盖上盖，烧开后用小火煮15分钟。

4.倒入圆椒，炒匀；再盖上盖，用中火焖5分钟至食材熟透；加鸡粉、胡椒粉、芝麻油，转大火收汁即可。

 小贴士　茄子含有膳食纤维、维生素E、维生素P、胆碱、钙、磷、铁等营养成分，具有清热止血、消肿止痛、保护心血管等功效。

黄瓜酿肉

材料	猪肉末150克，黄瓜200克，葱花少许	调料	鸡粉2克，盐少许，生抽3毫升，生粉3克，水淀粉、食用油各适量

相宜	猪肉+小白菜　增强体质 猪肉+芋头　养胃益气	相克	猪肉+田螺　容易伤肠胃 猪肉+杏仁　引起腹痛

1.洗净的黄瓜去皮，切段；将切好的黄瓜段做成黄瓜盅，装入盘中。

2.在肉末中加入鸡粉、盐、生抽、水淀粉，拌匀，腌渍片刻。

3.锅中注水烧开，加入食用油、黄瓜段，拌匀，煮至断生，把焯煮好的黄瓜段捞出，装入盘中，在黄瓜盅内抹上生粉，放入猪肉末。

4.蒸锅注水烧开，放入食材，蒸5分钟至熟，取出蒸好的食材，撒上葱花即可。

小贴士　猪肉含有蛋白质、维生素B₁、钙、磷、铁等营养成分，具有促进生长发育、改善缺铁性贫血、增强记忆力等功效。

黄金马蹄虾球

材料	去皮马蹄250克，虾仁400克，蛋清35克	调料	盐1克，鸡粉1克，水淀粉3毫升，食用油适量

相宜	虾+燕麦　有利牛磺酸的合成 虾+韭菜花　治夜盲、干眼、便秘	相克	虾+西瓜　降低免疫力 虾+百合　降低营养

 1.洗净的马蹄切成丁；洗好的虾仁用刀按压至泥状。

 2.虾泥中加入马蹄、蛋清、盐、鸡粉、水淀粉、食用油，拌匀，制成肉馅。

 3.热锅注油，烧至四成热，戴上一次性手套，将虾肉馅捏挤出数个虾球生坯。

 4.用勺子刮起虾球生坯逐一放入油锅中，炸至金黄色，捞出，沥干油分，取盘，摆放上洗净的生菜叶，放上沥干油分的虾球即可。

小贴士　虾仁含有蛋白质、维生素A、牛磺酸、钾、碘、镁、磷等营养成分，具有益气补虚、强身健体、补肾壮阳等功效。

春笋叉烧肉炒蛋

材料	竹笋130克，彩椒12克，叉烧肉55克，鸡蛋2个	调料	盐少许，鸡粉2克，料酒3毫升，水淀粉、食用油各适量

相宜	竹笋+鸡肉	暖胃益气、补精填髓	相克	竹笋+红糖	对身体不利
	竹笋+莴笋	对肺热痰火有食疗作用		竹笋+羊肉	易导致腹胀

1.将洗净的彩椒切成小块；洗好去皮的竹笋切成丁；将叉烧肉切成小块。

2.锅中注水烧开，倒入竹笋丁、料酒，煮去涩味，再放入彩椒丁，加盐、食用油，煮断生后捞出。

3.把鸡蛋打入碗中，加盐、鸡粉、水淀粉拌匀，制成蛋液；用油起锅，倒入焯过水的食材，炒匀。

4.加盐，倒入叉烧肉，炒干水汽，盛出；另起锅，注油烧热，倒入蛋液炒匀，放入炒好的食材炒熟即可。

小贴士　竹笋含有糖类、膳食纤维、B族维生素、钙、磷、镁、锌、硒、铜等营养成分，具有促进肠道蠕动、去积食、健脾等功效。

乌梅茶树菇炖鸭

材料	鸭肉400克，水发茶树菇150克，乌梅15克，八角、姜片、葱花各少许	调料	料酒少许，鸡粉2克，盐2克，胡椒粉适量

相宜	鸭肉+白菜	促进胆固醇代谢	相克	鸭肉+甲鱼	导致水肿泄泻
	鸭肉+芥菜	滋阴润肺		鸭肉+板栗	对身体不利

 1.洗好的茶树菇切去老茎。

 2.锅中注入清水烧开，倒入鸭肉、料酒，煮沸，汆去血水，捞出汆煮好的鸭肉，沥干水分。

 3.砂锅中注入清水烧开，倒入鸭肉、乌梅、姜片、茶树菇、料酒，拌匀，炖煮1小时至食材熟软。

 4.放入鸡粉、盐、胡椒粉，拌匀，将煮好的汤料盛入汤碗中，撒入适量葱花即成。

小贴士 鸭肉含有蛋白质、脂肪、B族维生素、维生素A、磷、钾等营养成分，具有补肾、消水肿、止咳化痰等功效。

五彩蔬菜牛肉串

材料	牛肉300克，西蓝花100克，彩椒60克，姜片少许，竹签数支	调料	盐2克，鸡粉2克，生抽3毫升，食粉5克，胡椒粉、水淀粉、白糖、食用油各适量

相宜	牛肉+土豆　保护胃黏膜 牛肉+洋葱　补脾健胃	相克	牛肉+田螺　引起消化不良 牛肉+橄榄　引起身体不适

1.洗好的彩椒切小块；洗净的西蓝花切小块；处理好的牛肉切片，拍几下，加盐、生抽、白糖、鸡粉、食粉、水淀粉、食用油，腌渍入味。

2.锅中注水烧开，加入盐、鸡粉、食用油、彩椒、西蓝花，搅匀，煮约1分钟至其断生，捞出焯煮好的食材，沥干水分。

3.起油锅，倒入牛肉，滑油至变色，捞出；取竹签，依次穿入彩椒、西蓝花、牛肉、姜片，做成数个牛肉串，摆放在盘中。

4.煎锅上火烧热，倒入食用油、牛肉串、胡椒粉，煎至入味，取出牛肉串，摆放在盘中即可。

小贴士　牛肉补脾胃、益气血、强筋骨，对虚损羸瘦、消渴、脾弱不运、水肿、久病体虚、面色萎黄、头晕目眩等病症有食疗作用。

冬笋炒枸杞叶

材料	枸杞叶80克，水发香菇70克，冬笋180克	调料	盐3克，鸡粉2克，水淀粉4毫升，食用油适量

相宜	竹笋+鸡肉　暖胃益气、补精填髓 竹笋+莴笋　对肺热痰火有食疗作用	相克	竹笋+红糖　对身体不利 竹笋+羊肉　易导致腹痛

 1.洗好的香菇切丝；洗净去皮的冬笋切丝。

 2.锅中注水烧开，放入1克盐、冬笋、香菇，煮1分钟，至其断生，捞出，沥干水分。

 3.锅中注入食用油烧热，放入枸杞叶、冬笋、香菇，翻炒均匀。

 4.加入2克盐、鸡粉、水淀粉，炒匀，盛出炒好的食材，装入盘中即可。

小贴士　　冬笋含有多种氨基酸、维生素，以及纤维素、钙、磷、铁等营养成分，能促进肠道蠕动，既有助于消化，又能增进食欲。

凉瓜海蜇丝

材料	水发海蜇丝150克，苦瓜90克，蒜末少许	调料	盐、鸡粉各2克，白糖3克，陈醋5毫升，芝麻油6毫升

相宜	苦瓜+辣椒　排毒瘦身 苦瓜+洋葱　增强免疫力	相克	苦瓜+豆腐　容易引起结石 苦瓜+胡萝卜　降低营养价值

1.洗好的海蜇切段；洗净的苦瓜去瓤，切粗丝。

2.锅中注水烧开，倒入海蜇，略煮片刻，捞出海蜇，放入清水中。

3.沸水锅中倒入苦瓜，煮至断生，捞出，沥干水分。

4.取碗，倒入海蜇丝、苦瓜、盐、鸡粉、白糖、陈醋、芝麻油、蒜末，拌匀，至食材入味，将拌好的菜肴盛入盘中即可。

小贴士	苦瓜含有膳食纤维、胡萝卜素、维生素C及多种矿物质，具有降血糖、健脾开胃、滋润皮肤、止渴消暑等功效。

卤水鸭胗

材料	鸭胗250克，姜片、葱结各少许，卤水汁120毫升	调料	盐3克，料酒4毫升

相宜	姜+螃蟹　祛寒衰老 姜+羊肉　温中补血、调经散寒	相克	姜+西瓜　降低营养价值 姜+兔肉　破坏营养成分

 1.锅中注入清水烧开，放入鸭胗，煮去血渍，淋上料酒，余煮一会儿，去除腥味，捞出，沥干水分。

 2.锅置旺火上，加入卤水汁、清水，姜片、葱结、鸭胗、盐。

 3.盖盖，大火烧开后转小火卤约35分钟，至食材熟透。

 4.揭盖，捞出卤熟的鸭胗，放凉后切小片，摆放在盘中即可。

 小贴士　姜具有发汗解表、温中止呕、温肺止咳、解毒的功效，对外感风寒、胃寒呕吐、风寒咳嗽、腹痛、腹泻等病症有食疗作用。

可乐猪蹄

材料	可乐250毫升，猪蹄400克，红椒15克，葱段、姜片各少许	调料	盐3克，鸡粉2克，白糖2克，料酒15毫升，生抽4毫升，水淀粉、芝麻油、食用油各适量

相宜	猪蹄+木瓜　　丰胸养颜 猪蹄+黑木耳　补血养颜	相克	猪蹄+大豆　　影响营养吸收 猪蹄+甘草　　对身体不利

1.洗净的红椒对半切开，去籽，切片。

2.锅中注入清水烧开，倒入猪蹄、7毫升料酒，煮沸，余去血水，捞出氽煮好的猪蹄，沥干水分，装盘。

3.热锅注油，放入姜片、葱段、猪蹄、生抽、8毫升料酒，翻炒均匀。

4.加入可乐、盐、白糖、鸡粉，焖至食材熟软，夹出葱段、姜片，放入红椒片、水淀粉、芝麻油，炒香，盛入盘中即可。

小贴士	猪蹄含有蛋白质、维生素A、钙、磷、镁、铁等营养成分，具有补虚弱、填肾精、安神助眠、美容护肤等功效。

四季豆炖排骨

材料	排骨段260克，四季豆150克，彩椒30克，八角、花椒、姜片、葱段各少许	调料	盐、鸡粉各2克，料酒4毫升，生抽5毫升，胡椒粉、水淀粉、食用油各适量

相宜	排骨+西洋参　滋养生津 排骨+洋葱　　抗衰老	相克	排骨+甘草　对身体不利 排骨+苦瓜　阻碍钙质吸收

 1.将洗净的彩椒切小块；洗好的四季豆切长段。

 2.锅中注入清水烧开，倒入排骨、料酒，拌匀，汆去血水，捞出排骨，沥干水分。

 3.用油起锅，放入姜片、葱段，爆香，加入排骨、料酒、生抽、八角、花椒、清水，炒匀，焖煮30分钟。

 4.加入盐、生抽、四季豆，拌匀，续煮15分钟，放入彩椒、鸡粉、胡椒粉、水淀粉，炒匀，捡出八角，盛出锅中的菜肴即可。

小贴士	排骨有补脾润肠、生津液、丰机体、泽皮肤、补中益气、养血健骨的功效，能及时补充人体所必需的骨胶原等物质，增强骨髓造血功能，有助于骨骼的生长发育。

奶油鳕鱼

材料	鳕鱼肉300克，鸡蛋1个，奶油60克，面粉100克，姜片、葱段各少许	调料	盐、胡椒粉各2克，料酒、食用油各适量

相宜	鸡蛋+菠菜　养心润肺、安神 鸡蛋+西红柿　预防心血管疾病	相克	鸡蛋+甲鱼　对身体不利 鸡蛋+红薯　容易造成腹痛

 1.洗净的鳕鱼肉放入碗中，加入盐、料酒、姜片、葱段、胡椒粉，拌匀，腌渍约20分钟，至其入味。

 2.在腌渍好的鳕鱼肉上打入蛋清，拌匀。

 3.煎锅置于火上，倒入食用油，烧热，将鳕鱼滚上面粉，放入煎锅中，煎至两面熟透，盛出鱼块。

 4.煎锅置于火上，倒入奶油，烧至溶化，倒入鱼块，煎一会儿，至鱼肉入味，盛出煎好的鱼肉即可。

小贴士　鸡蛋含有蛋白质、卵磷脂、卵黄素、铁、磷、钙等元素，具有保护肝脏、补肺养血、滋阴润燥、养心安神等功效。

孜然石斑鱼排

材料	石斑鱼肉200克，孜然10克，青椒、红椒、姜末、葱花、熟白芝麻各少许	调料	盐2克，料酒5毫升，食用油适量

相宜	青椒+鳝鱼　爽口开胃 青椒+苦瓜　美容养颜	相克	青椒+黄瓜　破坏维生素

 1.将洗净的青椒切粒；洗好的红椒切粒；洗净的石斑鱼肉去除鱼皮，切片，再依次切上花刀。

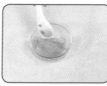 2.把鱼片放入碗中，加入盐、料酒、5克孜然，拌匀，腌渍约10分钟。

 3.煎锅置火上，加入食用油、鱼片，铺平，煎约2分钟，至其两面焦黄。

 4.放入姜末、红椒丁、青椒粒、5克孜然，煎一会儿，使鱼肉浸入孜然的香味，盛出鱼排，摆放在盘中，点缀上熟白芝麻和葱花即可。

小贴士　青椒具有温中下气、散寒除湿之功效，能增强人的体力，缓解因工作、生活压力造成的疲劳，增进食欲、帮助消化。

小炒刀豆

材料	刀豆85克，胡萝卜65克，豆瓣酱15克，蒜末少许	调料	鸡粉、白糖各少许，水淀粉、食用油各适量

相宜	胡萝卜+香菜　　开胃消食 胡萝卜+绿豆芽　排毒瘦身	相克	胡萝卜+桃子　　降低营养价值 胡萝卜+山楂　　破坏维生素C

 1.将去皮洗净的胡萝卜切段，再切菱形片；洗好的刀豆斜刀切段。

 2.用油起锅，撒上蒜末，爆香，放入豆瓣酱，炒出香味。

 3.倒入备好的刀豆、胡萝卜、清水，炒一会儿，至食材熟软。

 4.加入鸡粉、白糖、水淀粉，炒至食材入味，盛出炒好的菜肴，装在盘中即可。

小贴士　　胡萝卜口感清甜，含有蔗糖、葡萄糖、淀粉、胡萝卜素及钾、钙、磷等营养元素，具有保护视力、强心、抗炎、抗过敏等功效。

杏鲍菇炒火腿肠

材料	杏鲍菇100克，火腿肠150克，红椒40克，姜片、葱段、蒜末各少许	调料	蚝油7克，盐2克，鸡粉2克，料酒5毫升，水淀粉4毫升，食用油适量

相宜	火腿+冬瓜　开胃消食 火腿+杏鲍菇　增强食欲	相克	火腿+香蕉　对健康不利 火腿+螃蟹　造成营养流失

 1.洗好的杏鲍菇切薄片；火腿肠切薄片；洗净的红椒去籽，切小段。

 2.锅中注入清水烧开，加入盐、鸡粉、食用油、杏鲍菇，拌匀，煮约半分钟至其断生，捞出，沥干水分。

 3.用油起锅，倒入蒜末、姜片，爆香，放入火腿肠、杏鲍菇、红椒块，炒匀。

 4.加入料酒、鸡粉、盐、蚝油、水淀粉，炒匀，放入葱段，炒出香味，将炒好的菜肴盛出，装入盘中即可。

小贴士	火腿肠含有蛋白质、维生素A、维生素D、维生素E、镁、铁、硒、锌等营养成分，具有健脑益智、消除水肿、稳定血压等功效。

上海青海米豆腐羹

材料	上海青35克，海米15克，豆腐270克，葱花少许	调料	盐少许，鸡粉2克，水淀粉、料酒、食用油各适量

相宜	豆腐+鱼　　促进钙质吸收 豆腐+韭菜　治疗便秘	相克	豆腐+红糖　不利人体吸收 豆腐+鸡蛋　影响蛋白质吸收

 1.将洗净的豆腐切小方块；洗好的上海青切成细条，再切碎。

 2.锅中倒入食用油烧热，放入海米、料酒、清水、盐、鸡粉，炒匀。

 3.加入豆腐，拌匀，煮3分钟，至食材熟软。

 4.倒入上海青，煮至上海青变软，倒入水淀粉，拌至汤汁浓稠，盛出豆腐羹，撒入葱花，装入碗中即可。

小贴士　　豆腐含有蛋白质、糖类、铁、磷、钙、镁等营养成分，具有补中益气、清热润燥、生津止渴、清洁肠胃等功效。

泥鳅烧香芋

材料	芋头300克，泥鳅170克，姜片、蒜末、葱段各少许	调料	盐2克，鸡粉2克，生粉15克，生抽7毫升，食用油适量

相宜	芋头+红枣　补血养颜 芋头+芹菜　增强食欲	相克	芋头+香蕉　引起腹胀

1.洗净去皮的芋头切小丁块，洗好的泥鳅划开，去除内脏和污渍，洗净；取盘，放入泥鳅、生抽、生粉，拌匀，腌渍约10分钟。

2.热锅注油，倒入芋头，拌匀，炸约1分钟，至六七成熟，捞出，沥干油；把泥鳅放入油锅，拌匀，炸至焦脆，捞出，沥干油。

3.锅底留油烧热，倒入姜片、蒜末、葱段，爆香，加入温水、生抽、盐、鸡粉，炒匀，煮至汤汁沸腾

4.倒入芋头，拌匀，煮约5分钟，加入泥鳅，炒至其入味，盛出锅中的食材，装盘即可。

小贴士	芋头具有益胃、宽肠、通便、解毒、补中益肝肾、消肿止痛、散结、调节中气、化痰等功效，对肿块、便秘等症有食疗作用。

淡菜冬瓜汤

材料	水发淡菜70克，冬瓜400克，姜片、葱花各少许	调料	料酒8毫升，盐2克，鸡粉2克，胡椒粉、食用油各适量

相宜	冬瓜+海带　降低血压 冬瓜+芦笋　降低血脂	相克	冬瓜+鲫鱼　导致身体脱水 冬瓜+醋　降低营养价值

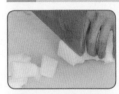 1.洗净去皮的冬瓜切成片，备用。

 2.用油起锅，倒入姜片，爆香，放入洗好的淡菜，翻炒片刻。

 3.倒入切好的冬瓜片、料酒，炒匀提味。

 4.加入清水，煮沸，放入盐、鸡粉、胡椒粉，拌至食材入味，盛出煮好的汤料，装入碗中，撒上葱花即可。

小贴士　　冬瓜含有膳食纤维、糖类和多种维生素、矿物质，对于小便不畅有很好的食疗作用。此外，冬瓜钾含量较高，能为宝宝积极补充钾。

清蒸冬瓜生鱼片

材料	冬瓜400克，生鱼300克，姜片、葱花各少许	调料	盐2克，鸡粉2克，胡椒粉少许，生粉10克，芝麻油2毫升，蒸鱼豉油适量

相宜	冬瓜+海带　降低血压 冬瓜+芦笋　降低血脂	相克	冬瓜+醋　　降低营养价值

1. 将洗净去皮的冬瓜切片；洗好的生鱼肉去骨，切片。

2. 生鱼片装入碗中，加入盐、鸡粉、姜片、胡椒粉、生粉、芝麻油，拌匀，把鱼片摆入碗底，放上冬瓜片，再放上姜片。

3. 将装有鱼片、冬瓜的碗放入烧开的蒸锅中，蒸15分钟至食材熟透。

4. 取出蒸熟的食材，倒扣入盘里，揭开碗，撒上葱花，浇入蒸鱼豉油即成。

小贴士　　冬瓜含有膳食纤维、糖类和多种维生素、矿物质，对小便不畅有很好的食疗作用。此外，冬瓜钾含量较高，是很好的排钠食物，对高血压有一定的食疗作用。

爆素鳝丝

材料	水发香菇165克，蒜末少许	调料	盐、鸡粉各2克，生抽4毫升，陈醋6毫升，生粉、水淀粉、食用油各适量

相宜	香菇+ 花菜　降低血脂 香菇+ 薏米　防癌抗癌	相克	香菇+鸽肉　引起痔疮复发 香菇+螃蟹　引起结石

 1.香菇剪成长条，修成鳝鱼的形状，装入碗中，加1克盐、水淀粉、生粉，拌匀，制成素鳝丝生坯。

 2.热锅注油，烧至四成热，放入生坯，用中小火炸至熟透，捞出，沥干油。

 3.用油起锅，放入蒜末，爆香；注入清水，加1克盐、鸡粉、生抽、陈醋，炒匀；用水淀粉勾芡，调成味汁。

 4.取一个盘子，放入炸熟的素鳝丝，浇上味汁即可。

小贴士	香菇含有香菇多糖、粗纤维、维生素B_1、维生素B_2、钙、磷、铁等营养成分，具有促进消化、增强免疫力、延缓衰老等功效。

牛肉南瓜汤

材料 牛肉120克，南瓜95克，胡萝卜70克，洋葱50克，牛奶100毫升，
高汤800毫升，黄油少许

相宜 牛肉+土豆　保护胃黏膜
牛肉+洋葱　补脾健胃

相克 牛肉+生姜　导致体内热生火盛
牛肉+板栗　降低营养价值

1. 洗净的洋葱切粒状；洗好去皮的胡萝卜切粒；洗净去皮的南瓜切小丁块；洗好的牛肉去除肉筋，切粒。

2. 煎锅置于火上，倒入黄油，拌至其溶化，倒入牛肉，炒至其变色。

3. 放入洋葱、南瓜、胡萝卜，炒至变软。

4. 加入牛奶、高汤，拌匀，煮约10分钟至食材入味，盛出煮好的南瓜汤即可。

小贴士 　牛肉含有蛋白质、牛磺酸、钙、铁、磷等营养成分，具有补中益气、滋养脾胃、强筋壮骨等功效。

猪头肉炒葫芦瓜

材料	卤猪头肉200克，葫芦瓜500克，红彩椒10克，蒜末少许	调料	盐、鸡粉各1克，食用油适量

相宜	蒜+猪肉　提供丰富的营养 蒜+洋葱　增强人体免疫力	相克	蒜+羊肉　导致体内燥热 蒜+芒果　导致肠胃不适

 1.洗好的葫芦瓜去子，切薄片；洗净的红彩椒切粗条；卤猪头肉切厚片。

 2.用油起锅，倒入蒜末爆香，倒入猪头肉，炒匀。

 3.放入切好的红彩椒，翻炒均匀。

 4.倒入葫芦瓜，炒至断生，加入盐、鸡粉，炒匀至入味，盛出菜肴，装盘即可。

小贴士　葫芦瓜富含膳食纤维、糖类、维生素、矿物质等，具有清热利水、止渴、解毒的功效，对小儿腹胀、烦热口渴、肠炎、便秘等症有较好的食疗作用。

猴头菇炖排骨

材料	排骨350克，水发猴头菇70克，姜片、葱花各少许	调料	料酒20毫升，鸡粉2克，盐2克，胡椒粉适量

相宜	排骨+芋头　　可滋阴润燥 排骨+红薯　　降低胆固醇	相克	排骨+田螺　　易伤肠胃 排骨+鲤鱼　　有害健康

1.洗好的猴头菇切小块。

2.锅中注入清水烧开，倒入排骨、10毫升料酒，拌匀，煮沸，汆去血水，把汆煮好的排骨捞出，沥干水分。

3.砂锅中注入清水烧开，倒入猴头菇、姜片、排骨、10毫升料酒，拌匀。

4.炖1小时，至食材酥软，加入鸡粉、盐、胡椒粉，拌匀，将煮好的汤料盛出，装入汤碗中，撒上葱花即可。

小贴士　　排骨具有滋阴润燥、补虚养血的功效，对消渴赢瘦、热病伤津、便秘、燥咳等病症有食疗作用。

白菜肉卷

材料	白菜叶75克，鸡蛋1个，肉末85克	调料	盐1克，鸡粉2克，生抽2毫升，芝麻油、面粉各适量

相宜	猪肉+芋头　可滋阴润燥 猪肉+红薯　降低胆固醇	相克	猪肉+田螺　易伤肠胃 猪肉+鲤鱼　有害健康

 1.鸡蛋打入碗中，调匀，制成蛋液；锅中注入清水烧开，放入洗净的白菜叶，拌匀，煮至菜叶变软，捞出焯煮好的白菜叶。

 2.取大碗，放入肉末、鸡粉、盐、生抽、蛋液、面粉、芝麻油，拌匀。

 3.把白菜叶置于砧板上，铺开，放入馅料，将白菜叶卷起，包成白菜卷生坯，放入蒸盘中。

 4.蒸锅上火烧开，放入蒸盘，蒸约10分钟，至其熟透，取出蒸盘，待稍微放凉后即可食用。

小贴士	猪肉含有蛋白质、B族维生素、维生素A、钙、磷、铁等营养成分，具有滋阴润燥、促进身体发育、补铁、健脾养胃等功效。

白萝卜冬瓜豆浆

<table>
<tr><td>材料</td><td>水发黄豆60克，冬瓜15克，白萝卜15克</td><td>调料</td><td>盐1克</td></tr>
</table>

相宜		相克	
白萝卜+豆腐	促消化	白萝卜+黄瓜	破坏维生素C
白萝卜+金针菇	可治消化不良	白萝卜+猪肝	降低营养价值

1.洗净去皮的冬瓜切小丁块，洗好去皮的白萝卜切小丁块。

2.把已浸泡8小时的黄豆、冬瓜丁、白萝卜丁倒入豆浆机，注入适量清水，至水位线即可。

3.盖上豆浆机机头，选择"五谷"程序，待豆浆机运转约15分钟，即成豆浆。

4.把煮好的豆浆倒入滤网，滤取豆浆，将豆浆倒入碗中，加入盐，拌匀，待稍凉后即可饮用。

小贴士　白萝卜含有膳食纤维、钙、磷、铁、钾、维生素C、叶酸等营养成分，具有增强免疫力、促进消化、保护肠胃、生津去燥等功效。

糖醋菠萝藕丁

材料	莲藕100克，菠萝肉150克，豌豆30克，枸杞、蒜末、葱花各少许	调料	盐2克，白糖6克，番茄酱25克，食用油适量

相宜	莲藕+猪肉　滋阴血、健脾胃 莲藕+羊肉　润肺补血	相克	莲藕+菊花　导致腹泻 莲藕+人参　药性相反

1.处理好的菠萝肉切成丁；洗净去皮的莲藕切成丁。

2.锅中注入清水烧开，加入食用油、藕丁、盐，搅匀，余煮半分钟，倒入豌豆、菠萝丁，搅散，煮至断生，捞出，沥干水分。

3.用油起锅，倒入蒜末，爆香，倒入焯过水的食材，翻炒均匀。

4.加入白糖、番茄酱，炒至食材入味，撒入枸杞、葱花，炒出葱香味，将炒好的食材盛出，装入盘中即可。

小贴士	莲藕含有淀粉、蛋白质、维生素C、氧化酶、钙、磷、铁等营养成分，具有养胃滋阴、益气补血、清热解烦、改善食欲不振等功效。

糖醋藕排

材料	莲藕230克，西红柿40克，圆椒20克，鸡蛋1个	调料	番茄酱20克，盐2克，白糖4克，白醋10毫升，生粉、食用油各适量

相宜	莲藕+猪肉　滋阴血、健脾胃 莲藕+羊肉　润肺补血	相克	莲藕+菊花　腹泻 莲藕+人参　药性相反

 1.将去皮洗净的莲藕切条形；洗好的圆椒切小片；洗净的西红柿切瓣。

 2.取玻璃碗，放入生粉、鸡蛋、盐、拌匀，制成蛋糊，将藕条放入碗中，拌至其均匀地滚上蛋糊。

 3.热锅注油，放入藕条，搅匀，炸至金黄色，捞出炸好的材料，沥干油。

 4.用油起锅，放入西红柿、圆椒片，炒至断生，加入番茄酱、白醋、白糖，炒匀，倒入藕条，炒入味，盛出炒好的菜肴，装入盘中即成。

小贴士	莲藕含有膳食纤维、维生素C、铁、钙、磷等营养成分，具有补五脏之虚、强壮筋骨、滋阴养血等功效。

红烧小土豆

材料	小土豆400克，姜片、蒜末、葱花各少许	调料	豆瓣酱10克，鸡粉2克，白糖3克，水淀粉4毫升，食用油适量

相宜	土豆+辣椒　健脾开胃 土豆+醋　　利于健康	相克	土豆+柿子　易形成胃结石 土豆+石榴　易引起身体不适

1.热锅注油，烧至五成热，放入去皮洗净的小土豆，炸至土豆呈金黄色，捞出炸好的土豆，沥干油。

2.锅底留油，放入姜片、蒜末、爆香，加入豆瓣酱，炒出香味。

3.加入清水，煮沸，放入鸡粉、白糖、小土豆，炒匀。

4.焖2分钟，至食材入味，淋入水淀粉，炒匀，盛出锅中的食材，装入盘中，撒上葱花即可。

小贴士	土豆含有蛋白质、维生素B_1、维生素B_2、维生素C、钙、磷、镁、钾等营养成分，能健脾和胃、益气调中，对脾胃虚弱、消化不良、肠胃不和、便秘有食疗作用。

肉末蒸蛋

材料	鸡蛋3个，肉末90克，姜末、葱花各少许	调料	盐2克，鸡粉2克，生抽2毫升，料酒2毫升，食用油适量

相宜	鸡蛋+干贝　增强人体免疫力 鸡蛋+韭菜　保肝护肾	相克	鸡蛋+红薯　容易造成腹痛 鸡蛋+甲鱼　对身体不利

1.用油起锅，倒入姜末，爆香，放入肉末、生抽、料酒、鸡粉、盐，炒匀，盛出炒好的肉末。

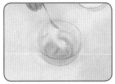
2.取小碗，打入鸡蛋，加入盐、鸡粉、温开水，拌匀，调成蛋液。

3.取蒸碗，倒入蛋液，撇去浮沫，蒸锅上火烧开，放入蒸碗。

4.蒸约10分钟至熟，待蒸汽散去，取出蒸碗，撒上炒好的肉末，点缀上葱花即可。

小贴士　鸡蛋含有蛋白质、卵磷脂、固醇类、蛋黄素、维生素、钙、铁、钾等营养成分，具有增强免疫力、养心安神、滋阴润燥等功效。

香酥刀鱼

材料	刀鱼300克，鸡蛋1个，姜片、葱段各少许	调料	盐3克，鸡粉2克，料酒、生抽、水淀粉各少许，生粉、胡椒粉、食用油各适量

相宜	鸡蛋+韭菜　保肝护肾 鸡蛋+西红柿　预防心血管疾病	相克	鸡蛋+红薯　容易造成腹痛 鸡蛋+兔肉　导致腹泻

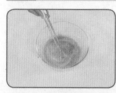

1.刀鱼切上花刀；鸡蛋打开，取出蛋黄，放入碗中，加盐、料酒，打散，放入生粉，拌匀，制成蛋糊。

2.热锅注油，烧至五六成热，将刀鱼裹上蛋糊，放入油锅中，炸至金黄色，捞出。

3.油爆姜片、葱段，注入清水，加盐、鸡粉、生抽、料酒、胡椒粉，大火煮沸；放入刀鱼，盖上盖，小火焖约4分钟，盛出装盘待用。

4.锅中留汤汁烧热，淋入适量水淀粉，搅匀，盛出浇在鱼身上即可。

小贴士	鸡蛋含有蛋白质、卵黄素、卵磷脂、维生素、铁、钙、钾等营养成分，具有保护肝脏、养心安神、滋阴润燥、健脑益智等功效。

芋头扣肉

材料 五花肉550克，芋头200克，蜂蜜10克，八角、草果、桂皮、葱段、姜片各少许

调料 盐3克，鸡粉少许，蚝油7克，生抽4毫升，料酒8毫升，老抽20毫升，水淀粉、食用油各适量

相宜 芋头+红枣　补血养颜
芋头+牛肉　防治食欲不振

相克 芋头+香蕉　引起腹胀

1.锅中注水烧热，放入五花肉、料酒，煮至食材熟软，捞出；五花肉放凉后抹上老抽，淋上蜂蜜，腌渍一会儿；将去皮洗净的芋头切片。

2.热锅注油，倒入五花肉，炸约2分钟，捞出；油锅中放入芋头片，炸至食材断生，捞出；取放凉的五花肉，切成厚度均匀的片。

3.油爆姜片、葱段，放入八角、草果、桂皮、肉片、料酒、清水、蚝油、盐、鸡粉、生抽、老抽，拌匀，煮至食材入味，盛出。

4.取蒸碗，放入肉片和芋头片，浇上肉汤汁，入蒸锅蒸熟，取出装盘；锅置火上，注入汁水，加老抽、水淀粉，制成稠汁，浇在盘中即可。

小贴士 芋头含有膳食纤维、胡萝卜素、维生素B_2、维生素B_1、烟酸、钾、钠、钙、镁、铁、锰、锌、磷、硒等营养成分，具有开胃生津、消炎镇痛、补气益肾等功效。

茄汁香煎三文鱼

材料	三文鱼160克，洋葱45克，彩椒15克，芦笋20克，鸡蛋清20克	调料	番茄酱15克，盐2克，黑胡椒粉2克，生粉适量

相宜	芦笋+黄花菜　养血除烦 芦笋+冬瓜　　降压降脂	相克	芦笋+羊肉　导致腹痛 芦笋+羊肝　降低营养价值

 1.彩椒切粒；洋葱切粒；芦笋切丁。

 2.三文鱼装碗，加1克盐、黑胡椒粉、蛋清、生粉，拌匀，腌渍15分钟。

 3.煎锅倒油烧热，放入三文鱼，小火煎至两面熟透，盛出装盘。

 4.锅底留油烧热，倒入洋葱炒软；放入芦笋、彩椒，翻炒片刻；加番茄酱，注入清水，煮沸，加1克盐，调成味汁，浇在鱼块上即可。

小贴士	芦笋含有膳食纤维、维生素B$_1$、维生素B$_2$、硒、钼、铬、锰等营养成分，具有调节机体代谢、增强免疫力、清热解暑、降血压等功效。

茶树菇炒鸡丝

材料	茶树菇250克，鸡肉200克，鸡蛋清50克，红椒45克，青椒30克，葱段、蒜末、姜片各少许	调料	盐4克，料酒12毫升，白胡椒粉2克，水淀粉8毫升，鸡粉2克，白糖3克，食用油适量

相宜	鸡肉+金针菇　增强记忆力 鸡肉+冬瓜　　排毒养颜	相克	鸡肉+李子　易引起肠胃不适 鸡肉+芥菜　影响身体健康

 1.红椒切小条；青椒切小条；鸡肉切丝，装碗，加2克盐、6毫升料酒、白胡椒粉、鸡蛋清、4毫升水淀粉、食用油，腌渍10分钟。

 2.锅中注水烧开，倒入茶树菇，汆煮去杂质，捞出。

 3.热锅注油烧热，倒入鸡肉丝，炒至转色；倒入姜片、蒜末，炒香；倒入茶树菇，淋入6毫升料酒、清水，炒匀。

 4.加2克盐、鸡粉、白糖，炒匀调味；倒入青椒、红椒，快速翻炒匀；淋入4毫升水淀粉勾芡，放入葱段炒香即可。

小贴士	鸡肉具有温中益气、补精填髓、益五脏、补虚损、健脾胃、强筋骨的功效，能补充人体所缺少的营养素，使皮肤充满弹性，延缓皮肤衰老。

草菇花菜炒肉丝

材料	草菇70克，彩椒20克，花菜180克，猪瘦肉240克，姜片、蒜末、葱段各少许	调料	盐3克，生抽4毫升，料酒8毫升，蚝油、水淀粉、食用油各适量

相宜	花菜+辣椒　防癌抗癌 花菜+香菇　降低血脂	相克	花菜+牛奶　降低营养 花菜+牛肝　不利于健康

 1.草菇对半切开；彩椒切粗丝；花菜切小朵。

 2.猪瘦肉切细丝，装碗，加料酒、盐、水淀粉、食用油，拌匀，腌渍10分钟。

 3.锅中注水烧开，加盐、料酒，倒入草菇，煮去涩味；放入花菜，加食用油，煮至断生；倒入彩椒，煮片刻，捞出食材。

 4.起油锅，倒入肉丝、姜片、蒜末、葱段，炒香；倒入焯过水的食材，炒匀；加盐、生抽、料酒、蚝油、水淀粉，炒入味即可。

小贴士　花菜含有胡萝卜素、维生素C、维生素K、食物纤维、钙、磷、铁等营养成分，具有促进生长、清热解渴、增强免疫力、利尿通便等功效。

荷包豆腐

材料	豆腐400克，肉末200克，香肠25克，葱花少许	调料	盐3克，鸡粉2克，花椒粉、胡椒粉各少许，豆瓣酱6克，辣椒酱10克，料酒4毫升，生抽6毫升，水淀粉、花椒油、食用油各适量

相宜	豆腐+韭菜	治便秘	相克	豆腐+空心菜	破坏营养素
	豆腐+姜	润肺止咳		豆腐+鸡蛋	影响蛋白质吸收

 1.将洗净的香肠切成粒；洗好的豆腐切长方块。

 2.把肉末装入碗中，倒入香肠粒、花椒粉、胡椒粉、盐、鸡粉、生抽、花椒油，拌匀，腌渍约10分钟，至其入味，即成馅料。

 3.热锅注油，放入豆腐块，炸至金黄色，捞出装盘，掏出豆腐块的中间部分，放入馅料，压实，制成荷包豆腐坯，再用油煎至馅料断生。

 4.加料酒、清水、生抽、豆瓣酱、辣椒酱、盐、鸡粉，焖煮入味，盛出豆腐块，将汤汁烧热，加水淀粉制成味汁，浇在豆腐块上，撒上葱花即成。

小贴士	豆腐含有蛋白质、B族维生素、叶酸、铁、镁、钾、铜、钙、磷等营养成分，具有降血压、降血脂、帮助消化、增进食欲等作用。

鲜虾豆腐煲

材料	豆腐160克，虾仁65克，上海青85克，五花肉200克，干贝25克，姜片、葱段各少许，高汤350毫升	调料	盐2克，鸡粉少许，料酒5毫升

相宜	上海青+黑木耳　平衡营养 上海青+蘑菇　　抗衰老	相克	上海青+螃蟹　对身体不利 上海青+南瓜　降低营养

 1.虾仁去虾线；上海青切开，再切小瓣；豆腐切小块；咸肉切薄片。

 2.锅中注水烧开，倒入上海青，煮至断生，捞出；倒入咸肉片，淋入料酒，煮去多余盐分，捞出。

 3.砂锅置火上，倒入高汤，放入干贝，倒入肉片，撒上姜片、葱段，淋入料酒，烧开后用小火煮30分钟。

 4.加盐、鸡粉调味；倒入虾仁，放入豆腐块，拌匀，盖上盖，小火续煮约10分钟；放入焯熟的上海青即可。

小贴士	上海青含有粗纤维、胡萝卜素、维生素B$_2$、维生素C、钙、磷、铁等营养成分，具有改善便秘、保持血管弹性、增强免疫力等功效。

莲藕菱角排骨汤

材料	排骨300克，莲藕150克，菱角30克，胡萝卜80克，姜片少许	调料	盐2克，鸡粉3克，胡椒粉、料酒各适量

相宜	莲藕+猪肉　滋阴血、健脾胃 莲藕+羊肉　润肺补血	相克	莲藕+菊花　腹泻 莲藕+人参　药性相反

 1.去壳洗好的菱角对半切开；洗净去皮的胡萝卜切滚刀块；洗好去皮的莲藕切滚刀块；排骨切成块。

 2.锅中注入清水烧开，倒入排骨块、料酒，略煮一会儿，氽去血水，捞出氽煮好的排骨，装盘。

 3.砂锅中注入清水烧开，放入排骨、料酒，拌匀，煮15分钟，倒入莲藕、胡萝卜、菱角，拌匀，煮5分钟。

 4.放入姜片，续煮25分钟至食材熟透，加入盐、鸡粉、胡椒粉，拌匀，盛出煮好的汤料，装入碗中即可。

 小贴士　　莲藕含有膳食纤维、维生素C、钙、铁等营养成分，具有益气补血、止血散瘀、健脾开胃等功效。

葱香蒸茄子

材料	茄子250克，水发豌豆100克，火腿100克，水发香菇90克，葱花、蒜末各少许	调料	盐2克，鸡粉2克，料酒4毫升，生抽4毫升，食用油适量

相宜	茄子+猪肉　维持正常血压 茄子+牛肉　强身健体	相克	茄子+螃蟹　引起脾胃功能 茄子+墨鱼　对健康不利

 1.洗净的茄子切段；火腿切丁；泡发好的香菇切丁。

 2.取碗，倒入火腿、香菇、水发豌豆、蒜末、盐、鸡粉、料酒，拌匀。

 3.取盘，摆入茄条，倒入搅拌好的食材，蒸锅注水烧开，放入茄子盘，蒸10分钟至熟透，将菜取出，撒上葱花。

 4.热锅注入食用油，烧至四五分热，将热油、生抽浇在茄子上，即可食用。

小贴士	茄子含有蛋白质、维生素E、核酸、维生素C等成分，具有增强免疫力、祛风通络、凉血止血等功效。

蒜薹炒鸭胗

材料	蒜薹120克，鸭胗230克，红椒5克，姜片、葱段各少许	调料	盐4克，鸡粉3克，生抽7毫升，料酒7毫升，食粉、水淀粉、食用油各适量

相宜	蒜薹+莴笋　预防高血压 蒜薹+香干　平衡营养	相克	蒜薹+蜂蜜　易伤眼睛

1.洗净的蒜薹切长段；洗好的红椒去籽，切细丝；洗净的鸭胗切片。

2.鸭胗装入碗中，加入生抽、盐、鸡粉、食粉、水淀粉、料酒，拌匀，腌渍约10分钟，至其入味。

3.锅中注水烧开，加入食用油、盐、蒜薹，拌匀，煮约半分钟，至六七成熟，捞出；把鸭胗倒入沸水锅中，拌匀，煮约1分钟，捞出。

4.油爆红椒丝、姜片、葱段，放入鸭胗、生抽、料酒、蒜薹、盐、鸡粉，炒匀，倒入水淀粉，炒入味，盛出炒好的菜肴即可。

小贴士	蒜薹中含有丰富的膳食纤维、维生素C等营养成分，具有明显的降血脂及预防冠心病和动脉硬化的作用。

蒸肉丸子

材料	土豆170克，肉末90克，蛋液少许	调料	盐、鸡粉各2克，白糖6克，生粉适量，芝麻油少许

相宜	土豆+黄瓜　润肠通便 土豆+豆角　除烦润燥	相克	土豆+西红柿　消化不良 土豆+香蕉　对健康不利

 1.洗净去皮的土豆切开，再切片，装入盘中。

 2.蒸锅上火烧开，放入土豆片，蒸约10分钟至土豆熟软，取出，放凉后压成泥。

 3.取大碗，放入肉末、盐、鸡粉、白糖、蛋液、土豆泥、生粉，拌至起劲，取蒸盘，放上芝麻油，把拌好的土豆肉末泥做成数个丸子。

 4.放入蒸盘，蒸锅注水烧开，放入蒸盘，蒸约10分钟至食材熟透，取出蒸盘，待稍微放凉后即可食用。

小贴士	土豆含有蛋白质、淀粉、膳食纤维、维生素、钙、磷、铁等营养成分，具有健脾和胃、益气调中、通利大便等功效。

虾仁炒豆芽

| 材料 | 黄豆芽100克，虾仁85克，红椒丝、青椒丝、姜片各少许 | 调料 | 盐3克，鸡粉2克，料酒10毫升，水淀粉、食用油各适量 |

| 相宜 | 虾+白菜　增强免疫力
虾+香菜　补脾益气 | 相克 | 虾+西瓜　降低免疫力
虾+百合　降低营养 |

 1.洗净的虾仁由背部切开，去除虾线；洗好的黄豆芽切去根部。

 2.把虾仁装入碗中，加入盐、料酒、水淀粉、食用油，拌匀，腌渍约15分钟至其入味。

 3.用油起锅，放入虾仁、姜片，炒出香味。

 4.加入红椒丝、青椒丝、黄豆芽，炒至食材变软，放入盐、鸡粉、料酒、水淀粉，炒至食材入味，盛出炒好的菜肴即可。

| 小贴士 | 虾仁含有蛋白质、维生素A、牛磺酸、钾、碘、镁、磷等营养成分，具有补肾壮阳、通络止痛、开胃化痰等功效。 |

西蓝花炒鸡脆骨

材料	鸡脆骨200克，西蓝花350克，大葱25克，红椒15克	调料	盐3克，料酒4毫升，生抽3毫升，老抽3毫升，蚝油5克，鸡粉2克

相宜	西蓝花+胡萝卜　预防消化系统疾病 西蓝花+枸杞　　有利营养吸收	相克	西蓝花+牛奶　影响钙质吸收

 1.洗净的西蓝花切小朵；洗好的大葱用斜刀切段；洗净的红椒去籽，切小块。

 2.锅中注水烧开，加入1克盐、2毫升料酒、鸡脆骨，氽去血水，捞出；沸水锅中加入食用油、西蓝花，拌匀，煮约1分钟，捞出。

 3.用油起锅，倒入红椒、大葱，爆香，放入鸡脆骨、生抽、老抽、2毫升料酒，炒香。

 4.加入蚝油、2克盐、鸡粉、水淀粉，炒匀，取盘，摆放上焯好的西蓝花，再盛入锅中的材料即可。

小贴士	西蓝花含有膳食纤维、维生素C、胡萝卜素、钙、磷、铁、钾、锌等营养成分，具有增强肝脏的解毒能力、增强免疫力、防癌抗癌等功效。

豆豉荷包蛋

材料	鸡蛋3个，蒜苗80克，小红椒1个，豆豉20克，蒜末少许	调料	盐、鸡粉各3克，生抽、食用油各适量

相宜	蒜苗+莴笋　预防高血压 蒜苗+香干　平衡营养	相克	蒜苗+蜂蜜　易伤眼睛

 1.将洗净的小红椒切小圈；洗好的蒜苗切段。

 2.用油起锅，打入鸡蛋，煎至成形，把煎好的荷包蛋放入碗中；按同样方法再煎2个荷包蛋。

 3.锅底留油，放入蒜末、豆豉，炒香，加入小红椒、蒜苗，炒匀。

 4.放入荷包蛋、盐、鸡粉、生抽，炒匀，盛出炒好的荷包蛋，装入盘中即可。

小贴士　　蒜苗含有维生素C、胡萝卜素、维生素B$_2$、维生素B$_1$等营养成分，具有保护肝脏、防癌抗癌等功效。

豌豆炒牛肉粒

材料	牛肉260克，彩椒20克，豌豆300克，姜片少许	调料	盐2克，鸡粉2克，料酒3毫升，食粉2克，水淀粉10毫升，食用油适量

相宜	牛肉+土豆　保护胃黏膜 牛肉+洋葱　补脾健胃	相克	牛肉+板栗　降低营养价值 牛肉+橄榄　引起身体不适

1.将洗净的彩椒切丁；洗好的牛肉切粒，装入碗中，加入盐、料酒、食粉、水淀粉、食用油，拌匀，腌渍15分钟，至其入味。

2.锅中注入清水烧开，放入豌豆、盐、食用油，拌匀，煮1分钟，倒入彩椒，拌匀，煮至断生，捞出焯煮好的食材，沥干水分。

3.热锅注油，烧至四成热，倒入腌好的牛肉，拌匀，捞出，沥干油。

4.用油起锅，放入姜片、牛肉、料酒，炒香，倒入焯过水的食材，炒匀，加入盐、鸡粉、料酒、水淀粉，炒匀，盛出炒好的菜肴即可。

小贴士　牛肉含有蛋白质、维生素A、B族维生素、钙、磷、铁、钾、硒等营养成分，具有补中益气、滋养脾胃、强健筋骨、养肝明目、止渴止涎等功效。

酱大骨

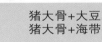

材料	猪大骨1000克，香叶、茴香、桂皮、香葱、姜片各少许	调料	生抽5毫升，老抽5毫升，白糖3克

相宜	猪大骨+菠菜　润肠通便	猪大骨+大豆　美容养颜
	猪大骨+韭菜　清肺健胃	猪大骨+海带　清热排毒

1.锅中注入清水烧开，倒入猪大骨，汆煮片刻，去除杂质，将大骨捞出放入凉水中凉凉，将其捞出沥干。

2.砂锅中注入清水烧开，倒入大骨、香叶、茴香、桂皮、香葱、姜片，拌匀。

3.盖上锅盖，煮1个小时至酥软，掀开锅盖，盛出三大勺汤汁滤到碗中。

4.在砂锅内加入生抽、老抽、白糖，拌匀，续煮1个小时，将大骨盛出装入盘中，将备好的汤汁摆在边上即可。

小贴士　猪肉含有维生素E、蛋白质、脂肪、铁、烟酸等成分，具有增强免疫力、美容润肤、益气补血等功效。

酱焖四季豆

材料	四季豆350克，蒜末10克

调料	黄豆酱15克，辣椒酱5克，盐、食用油各适量

相宜	蒜+猪肉　提供丰富的营养 蒜+洋葱　增强人体免疫力

相克	蒜+羊肉　导致体内燥热 蒜+芒果　导致肠胃不适

1.锅中注水烧开，放入盐、食用油、四季豆，搅匀煮至断生，捞出，沥干水分。

2.热锅注油烧热，倒入辣椒酱、黄豆酱，爆香。

3.加入清水、四季豆、盐，炒匀，焖5分钟至熟透。

4.倒入葱段，翻炒一会儿，将炒好的菜盛出装入盘中，放上蒜末即可。

小贴士	四季豆性微温，味甘、淡，归脾、胃经，化湿而不燥烈，健脾而不滞腻，为脾虚湿停常用之品，有调和脏腑、安养精神、益气健脾、消暑化湿和利水消肿的功效。

酱香花菜豆角

材料	花菜270克，豆角380克，熟五花肉200克，洋葱100克，青彩椒50克，红彩椒60克，豆瓣酱40克，姜片少许	调料	盐、鸡粉各1克，水淀粉5毫升，食用油适量

相宜	花菜+香菇　　降低血脂 花菜+西红柿　降压降脂	相克	花菜+牛奶　降低营养 花菜+豆浆　降低营养

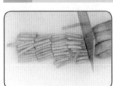 1.洋葱切块；青彩椒、红椒切菱形片；熟五花肉切片；豆角切小段；花菜去梗，剩余部分切小块。

 2.沸水锅中倒入花菜，汆煮片刻；放入豆角，煮至断生，捞出，沥干水分。

 3.另起锅注油，倒入五花肉，拨散；放入姜片，炒至油脂析出；放入豆瓣酱，翻炒匀。

 4.倒入花菜、豆角，炒匀；加盐、鸡粉，注入清水，炒匀；倒入青红彩椒、洋葱，炒至熟软；淋入水淀粉勾芡即可。

小贴士	花菜含有纤维素、胡萝卜素、糖类、维生素C、钙、磷等营养物质，具有抗癌防癌、促进食欲等功效。

酸菜炖鲇鱼

材料 鲇鱼块400克，酸菜70克，姜片、葱段、八角、蒜头各少许

调料 盐3克，生抽9毫升，豆瓣酱8克，鸡粉4克，老抽1毫升，白糖2克，料酒4毫升，生粉12克，水淀粉、食用油适量

相宜
鲇鱼+豆腐　提高营养吸收率
鲇鱼+茄子　营养丰富

相克
鲇鱼+鹿肉　不利于健康
鲇鱼+牛肝　产生不良反应

1.洗好的酸菜切薄片；鲇鱼块装碗中，加入生抽、盐、鸡粉、料酒、生粉，拌匀，腌渍约10分钟，至其入味。

2.热锅注油，放入蒜头、鲇鱼块，搅散，煮约1分钟，至鱼肉六七成熟，捞出。

3.锅底留油烧热，倒入姜片、八角，爆香，放入酸菜、豆瓣酱、生抽、盐、鸡粉、白糖，炒匀。

4.加入清水、鲇鱼、老抽、水淀粉，炒片刻至食材入味，盛出菜肴，装入盘中，撒上葱段即可。

小贴士　鲇鱼营养丰富，含有蛋白质和多种矿物质、维生素，具有滋阴养血、补中气、开胃消食、滋阴补阳等功效。

酸豆角炒鸭肉

材料
鸭肉500克，酸豆角180克，朝天椒40克，姜片、蒜末、葱段各少许

调料
盐3克，鸡粉3克，白糖4克，料酒10毫升，生抽5毫升，水淀粉5毫升，豆瓣酱10克，食用油适量

相宜
鸭肉+白菜　促进胆固醇的代谢
鸭肉+干贝　提供丰富的蛋白质

相克
鸭肉+甲鱼　导致水肿泄泻
鸭肉+板栗　对身体不利

1.处理好的酸豆角切段；洗净的朝天椒切圈。

2.锅中注水烧开，倒入酸豆角，煮半分钟，捞出；把鸭肉倒入沸水锅中，氽去血水，捞出。

3.油爆葱段、姜片、蒜末、朝天椒，倒入鸭肉，炒匀，淋入料酒，放入豆瓣酱、生抽，炒匀。

4.加少许清水，放入酸豆角，炒匀，放入盐、鸡粉、白糖，焖至食材入味，倒入水淀粉炒匀，盛出，放入葱段即可。

小贴士
　　鸭肉含有蛋白质、钙、磷、铁、维生素B$_1$、维生素B$_2$、烟酸等营养成分，具有补阴益血、清虚热等功效。

银鱼蒸藕

| 材料 | 莲藕250克，银鱼30克，瘦肉100克，葱丝、姜丝各少许 | 调料 | 盐2克，料酒5毫升，水淀粉5毫升，生抽、食用油各适量 |

| 相宜 | 莲藕+猪肉　滋阴血、健脾胃
莲藕+鳝鱼　强肾壮阳 | 相克 | 莲藕+菊花　腹泻
莲藕+人参　药性相反 |

1.将洗净去皮的莲藕切片；瘦肉切成丝。

2.肉丝装入碗中，加入盐、料酒、水淀粉、食用油，拌匀，腌制片刻。

3.将莲藕整齐摆在蒸盘上，依次放上肉丝、银鱼，蒸锅上火烧开，放入蒸盘。

4.蒸10分钟至熟透，将菜肴取出；热锅注油，在菜肴上摆上姜丝、葱丝，浇上热油，淋上生抽即可。

小贴士　　莲藕含有淀粉、B族维生素、维生素C等成分，具有强壮筋骨、滋阴养血、利尿通便等功效。

青梅炆鸭

| 材料 | 鸭肉块400克，土豆160克，青梅80克，洋葱60克，香菜适量 | 调料 | 盐2克，番茄酱适量，料酒、食用油各适量 |

| 相宜 | 鸭肉+芥菜　滋阴润肺
鸭肉+干贝　提供丰富的蛋白质 | 相克 | 鸭肉+甲鱼　导致水肿泄泻
鸭肉+板栗　对身体不利 |

1.将洗净去皮的土豆切块状；洗好的洋葱切片；青梅切去头尾。

2.锅中注入清水烧开，倒入鸭肉块、料酒，拌匀，煮2分钟，汆去血渍，捞出，沥干水分。

3.用油起锅，放入鸭肉、洋葱、番茄酱，炒香。

4.加入清水、青梅、土豆、盐，拌匀，续煮30分钟，至食材熟透，盛出炒好的菜肴，放上适量香菜即可。

小贴士　鸭肉含有蛋白质、维生素B$_1$、维生素B$_2$、烟酸、钙、磷、铁等营养成分，具有大补虚劳、补血行水、养胃生津、清热解毒等功效。

香酥浇汁鱼

材料	沙丁鱼160克，瘦肉末50克，彩椒40克，姜片、蒜末、葱花各少许	调料	盐、鸡粉各3克，生粉20克，生抽6毫升，白糖2克，豆瓣酱、辣椒酱、水淀粉、食用油各适量

相宜	彩椒+苦瓜　　美容养颜 彩椒+空心菜　降压止痛	相克	彩椒+黄瓜　破坏维生素

 1.彩椒切粒；沙丁鱼装碗，加盐、鸡粉、生抽、生粉，腌渍10分钟。

 2.热锅注油，烧至五成热，放入沙丁鱼，炸至鱼肉熟软，捞出，装盘待用。

 3.锅底留油烧热，倒入肉末，炒至变色，加生抽，炒匀，放入豆瓣酱，炒匀，倒入蒜末、姜片，炒香，撒上彩椒，炒匀。

 4.注入清水，倒入辣椒酱，加盐、白糖、鸡粉，拌匀调味，用大火略煮；倒入水淀粉勾芡，调成味汁，浇在沙丁鱼上，点缀上葱花即可。

小贴士　彩椒含有胡萝卜素、B族维生素、维生素C、纤维素、钙、磷、铁等营养成分，具有清热消暑、补血、促进血液循环等功效。

鱼香金针菇

| **材料** | 金针菇120克，胡萝卜150克，红椒30克，青椒30克，姜片、蒜末、葱段各少许 | **调料** | 盐2克，鸡粉2克，豆瓣酱15克，白糖3克，陈醋10毫升，食用油适量 |

| **相宜** | 金针菇+豆腐　降脂降压
金针菇+豆芽　清热解毒 | **相克** | 金针菇+驴肉　引起心痛 |

1.胡萝卜切成丝；青椒切成丝；红椒切成丝；金针菇切去老茎。

2.用油起锅，放入姜片、葱段、蒜末、胡萝卜丝，快速炒匀。

3.放入金针菇、青椒、红椒，炒匀。

4.加入豆瓣酱、盐、鸡粉、白糖，炒匀调味；淋入陈醋，快速翻炒至食材入味即可。

| **小贴士** | 金针菇含有B族维生素、维生素C、糖类、胡萝卜素和多种矿物质、氨基酸等成分，具有利肝脏、增强免疫力、益肠胃、抗癌瘤等功效。 |

黄瓜里脊片

材料	黄瓜160克，猪瘦肉100克	调料	鸡粉2克，盐2克，生抽4毫升，芝麻油3毫升，料酒适量

相宜	黄瓜+鱿鱼　增强免疫力 黄瓜+大蒜　排毒瘦身	相克	黄瓜+柑橘　破坏维生素C 黄瓜+菠菜　降低营养价值

 1.洗好的黄瓜去瓤，切块；洗净的猪瘦肉切薄片。

 2.锅中注入清水烧开，放入肉片、料酒，拌匀，煮至变色，捞出，沥干水分。

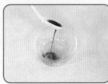 3.取碗，加入鸡粉、盐、生抽、芝麻油，拌匀，调成味汁。

 4.另取盘，放入黄瓜，摆放整齐，放入瘦肉片，叠放整齐，浇上备好的味汁，摆好盘即成。

小贴士　　黄瓜含有膳食纤维、糖类、维生素B₂、维生素C、胡萝卜素、磷、铁等营养成分，具有清热除湿、降血脂、镇痛、促消化等功效。

PART

4

功能食谱
助儿童茁壮成长

　　处于发育期的儿童，他们的各项生理活动还不成熟，易因肠胃功能紊乱而导致不思饮食、消化不良；因免疫力低下而患感冒；因营养摄入不均衡而发育迟缓……当儿童进入学龄期，脑力负担加重，消耗加大，用眼过多，有些儿童甚者患上近视眼。所以，家长应在日常饮食中进行有针对性的营养补充，防止儿童因营养不良而出现各种症状。

　　本章我们从健脑益智、开胃消食、明目护眼、增强免疫力、增高助长五个方面，为大家介绍不同功效的儿童营养菜。

葱香猪耳朵

材料	卤猪耳丝150克，葱段25克，红椒片、姜片、蒜末各少许	调料	盐2克，鸡粉2克，料酒3毫升，生抽4毫升，老抽3毫升，食用油适量

相宜	葱段+兔肉　提供丰富的营养 葱段+猪肉　增强人体免疫力	相克	葱段+杨梅　降低营养价值 葱段+山楂　伤脾胃

1.用油起锅，倒入猪耳丝，炒松散。

2.淋入料酒，炒香，放入生抽，炒匀，放入老抽，炒匀上色。

3.倒入红椒片、姜片、蒜末，炒匀，注入少许清水，炒至变软。

4.撒上葱段，炒出香味，加入盐、鸡粉，炒匀即可。

小贴士　葱有杀菌、通乳、利尿、发汗和安眠等药效，对风寒感冒轻症、痢疾脉微、小便不利等病症有食疗作用。

椰香西蓝花

材料	西蓝花200克，草菇100克，香肠120克，牛奶、椰浆各50毫升，胡萝卜片、姜片、葱段各少许	调料	盐、鸡粉、水淀粉、食用油各适量

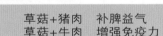

相宜	草菇+豆腐　降压降脂 草菇+虾仁　补肾壮阳	草菇+猪肉　补脾益气 草菇+牛肉　增强免疫力

1.将西蓝花切小朵；草菇对半切开；香肠用斜刀切片。

2.锅中注水烧开，加食用油、盐，倒入草菇、西蓝花，煮至断生后捞出。

3.用油起锅，放入胡萝卜片、姜片、葱段，大火爆香；放入香肠，炒香；倒入清水，收拢食材。

4.放入焯煮过的食材，炒匀；倒入牛奶、椰浆，中火续煮片刻；加盐、鸡粉调味，淋入水淀粉勾芡即可。

小贴士　草菇含有维生素和糖类，有消食祛热、补脾益气的作用。草菇还含有磷、钾、钙等营养元素，能有效增强人体免疫力，提高儿童抗病能力。

松仁豆腐

材料	松仁15克，豆腐200克，彩椒35克，干贝12克，葱花、姜末各少许	调料	盐2克，料酒2毫升，生抽2毫升，老抽2毫升，水淀粉3毫升，食用油适量

相宜	松子+核桃　防治便秘 松子+红枣　养颜益寿	相克	松子+蜂蜜　易导致腹痛、腹泻 松子+黄豆　阻碍蛋白质的吸收

 1.彩椒切成片；豆腐切成长方块。

 2.热锅注油，烧至四成热，放入松仁，炸香，捞出；待油温烧至六成热，放入豆腐块，炸至微黄色，捞出。

 3.锅底留油，下入姜末，爆香；放入干贝、料酒、彩椒，略炒；加清水，放入盐、生抽、老抽，炒匀。

 4.倒入豆腐块，摊开，煮2分钟至入味；淋入水淀粉勾芡；盛出装盘，撒上松仁、葱花即可。

小贴士	松仁营养丰富，富含蛋白质和多种不饱和脂肪酸，还含有钙、磷、铁、锌等营养元素。其中不饱和脂肪酸是构成脑细胞的重要成分，对维护脑细胞和神经功能有良好的功效，是婴幼儿健脑益智和生长发育必不可少的营养食品。

南瓜拌核桃

南瓜120克，土豆45克，配方奶粉10克，核桃粉15克，葡萄干20克

相宜	土豆+辣椒	健脾开胃	相克	土豆+西红柿	消化不良
	土豆+醋	利于健康		土豆+柿子	易形成胃结石

1.将去皮洗净的土豆切片；去皮洗好的南瓜切片；洗净的葡萄干切碎，再剁成末。

2.把南瓜和土豆装在蒸盘中，蒸锅烧开，放入蒸盘。

3.蒸约15分钟至食材熟软，取出蒸好的南瓜和土豆。

4.取碗，倒入南瓜、土豆，压成泥，加入配方奶粉、葡萄干、核桃粉，拌至食材混合均匀，将拌好的南瓜土豆泥装小碗中，摆好盘即可。

小贴士

土豆富含维生素、钾、纤维素等，具有和胃调中、健脾益气、补血强肾等多种功效，可预防癌症和心脏病，帮助通便，并能增强机体免疫力。

彩椒玉米炒鸡蛋

材料	鸡蛋2个，玉米粒85克，彩椒10克，葱花少许	调料	盐3克，鸡粉2克，食用油适量

相宜	玉米+鸡蛋　防止胆固醇过高 玉米+松仁　美容养颜	相克	玉米+田螺　对身体不利 玉米+红薯　造成腹胀

 1.洗净的彩椒切开，去子，切成条，再切成丁。

 2.鸡蛋打入碗中，加入1克盐、鸡粉，搅匀，制成蛋液，备用。

 3.锅中注入适量清水烧开，倒入玉米粒、彩椒，加入2克盐，煮至断生，捞出，沥干待用。

 4.用油起锅，倒入蛋液，炒匀，倒入焯过水的食材，快速炒匀，盛出装盘，撒上葱花即可。

小贴士	玉米含有糖类、膳食纤维、钙、磷等营养成分，具有促进大脑发育、降血脂、降血压、软化血管等功效。

杏仁松子大米粥

材料	水发大米80克，松子20克，杏仁10克	调料	白糖25克

相宜	松子+兔肉　美容养颜、益智醒脑 松子+红枣　养颜益寿	相克	松子+蜂蜜　腹痛腹泻

 1.砂锅中注入清水烧开，倒入大米，拌匀，煮30分钟至米熟。

 2.放入松子、杏仁，拌匀。

 3.加盖，小火续煮20分钟至食材熟软。

 4.揭盖，放入白糖，搅拌约2分钟至白糖溶化，将煮好的粥装入碗中即可。

小贴士　松子含有蛋白质、不饱和脂肪酸、膳食纤维及钙、铁、钾等营养成分，具有健脾止泻、延缓衰老、滋阴润肺、健脑益智等功效。

松仁莴笋

材料	莴笋200克，彩椒80克，松仁30克，蒜末、葱段各少许	调料	盐、鸡粉各少许，水淀粉5毫升，食用油适量

相宜	松仁+核桃　防治便秘 松仁+桂圆　养胃滋补	相克	松仁+蜂蜜　腹痛腹泻

1.洗净去皮的莴笋对半切开，再切条形，改切成丁；洗好的彩椒去蒂，切条形，再切成丁。

2.锅中注水烧开，加少许盐、食用油，倒入莴笋，搅匀，略煮一会儿；再放入彩椒丁，煮约半分钟，至食材断生后捞出，沥干水分。

3.热锅注油，烧至三成热，放入松仁，用小火炸约1分钟，捞出待用；锅底留油，放入蒜末、葱段，用大火爆香。

4.倒入莴笋、彩椒，略炒一会儿，至其八成熟，加少许盐、鸡粉调味，淋入水淀粉拌炒匀；关火后盛出，装入盘中，撒上松仁即成。

小贴士　松仁含有蛋白质、钙、磷、铁以及亚油酸、亚麻油酸等不饱和脂肪酸，有软化血管和防治动脉粥样硬化等作用。

松子胡萝卜丝

材料	胡萝卜250克，松子仁10克	调料	盐3克，鸡粉2克，白糖、食用油各适量

相宜	胡萝卜+香菜　　开胃消食 胡萝卜+绿豆芽　排毒瘦身	相克	胡萝卜+柑橘　　降低营养价值 胡萝卜+山楂　　破坏维生素C

1.洗净去皮的胡萝卜切成片，再切成丝。

2.用油起锅，倒入松子仁，拌匀。

3.炸至变色，捞出，沥干油，装入盘中。

4.锅底留油，放入胡萝卜、盐、鸡粉、白糖，炒匀，盛出炒好的食材，装入盘中，撒上松子仁即可。

小贴士	胡萝卜含有膳食纤维、胡萝卜素、维生素E、维生素C、钙、铁、锌等营养成分，具有增强免疫力、降血糖、补肝明目等功效。

松子豌豆炒干丁

材料	香干300克，彩椒20克，松仁15克，豌豆120克，蒜末少许	调料	盐3克，鸡粉2克，料酒4毫升，生抽3毫升，水淀粉、食用油各少许

相宜	豌豆+虾仁 提高营养价值 豌豆+蘑菇 消除食欲不佳	相克	豌豆+蕨菜 降低营养价值 豌豆+菠菜 影响钙的吸收

 1.洗净的香干切小丁块；洗好的彩椒切小块。

 2.锅中注入清水烧开，加入1克盐、食用油、豌豆、拌匀，煮约半分钟，放入香干、彩椒，拌匀，煮至食材断生后捞出，沥干水分。

 3.热锅注油，倒入松仁，搅匀，炸约1分钟，至其呈金黄色，捞出松仁，沥干油。

 4.锅底留油，倒入蒜末，爆香，倒入焯过水的材料，炒匀，加入2克盐、鸡粉、料酒、生抽、水淀粉，盛出炒好的食材，点缀上松仁即可。

小贴士 豌豆含有蛋白质、纤维素、不饱和脂肪酸、大豆磷脂等营养成分，有保持血管弹性、健脑益智等功效。

板栗枸杞炒鸡翅

材料	板栗120克，水发莲子100克，鸡中翅200克，枸杞、姜片、葱段各少许	调料	生抽、白糖、盐、鸡粉、料酒、水淀粉、食用油各适量

相宜	板栗+鸡肉　补肾虚、益脾胃 板栗+白菜　健脑益肾	相克	板栗+牛肉　降低营养价值 板栗+杏仁　引起胃痛

1.处理干净的鸡中翅斩成小块；将鸡中翅装入碗中，加入生抽、白糖、盐、鸡粉、料酒，拌匀。

2.热锅注油，烧至五成热，放入鸡中翅，炸至微黄色，把炸好的鸡中翅捞出。

3.锅底留油，放入姜片、葱段，爆香，加入鸡中翅、料酒、板栗、莲子，炒匀。

4.放入生抽、盐、鸡粉、白糖、清水，炒匀，焖7分钟，至食材入味，放入枸杞、水淀粉，炒匀，盛出炒好的食材，装入盘中即可。

小贴士　板栗含有糖类、蛋白质、脂肪及多种维生素和矿物质，其所含的优质蛋白质中有人体所需的多种氨基酸，具有增强免疫力的作用。

核桃花生双豆汤

材料	排骨块155克，核桃70克，水发赤小豆45克，花生米55克，水发眉豆70克	调料	盐2克

相宜	核桃+鳝鱼　降低血糖 核桃+红枣　美容养颜	相克	核桃+白酒　易导致血热 核桃+黄豆　易引发腹痛、腹胀

1.锅中注入清水烧开，放入排骨块，汆煮片刻，捞出汆煮好的排骨块，沥干水分。

2.砂锅中注入清水烧开，倒入排骨块、眉豆、核桃、花生米、赤小豆，拌匀。

3.加盖，大火煮开后转小火煮3小时至熟。

4.揭盖，加入盐，搅拌至入味，盛出煮好的汤，装入碗中即可。

小贴士　核桃含有蛋白质、不饱和脂肪酸、维生素E、钙、镁、硒等营养成分，具有健脑益智、健胃、补血、润肺、安神等功效。

核桃花生木瓜排骨汤

材料	核桃仁30克，花生仁30克，红枣25克，排骨块300克，青木瓜150克，姜片少许	调料	盐2克

相宜	红枣+大米　健脾胃、补气血 红枣+鸡蛋　益气养血	相克	红枣+南瓜　补中益气、收敛肺气 红枣+白菜　清热润燥

 1.洗净的木瓜切成块。

 2.锅中注入清水烧开，倒入排骨块，氽煮片刻，将氽煮好的排骨块沥干水分。

 3.砂锅中注入清水，倒入排骨块、青木瓜、姜片、红枣、花生仁、核桃仁，拌匀，煮3小时至食材熟透。

 4.加入盐，搅拌片刻至入味，盛出煮好的汤，装入碗中即可。

小贴士　红枣具有益气补血、健脾和胃、祛风之功效，对贫血、高血压和预防输血反应有辅助作用，还能减轻毒性物质对肝脏的损害。

黄花菜健脑汤

材料	水发黄花菜80克，鲜香菇40克，金针菇90克，瘦肉100克，葱花少许	调料	盐、鸡粉、水淀粉、食用油各适量

相宜	黄花菜+黄瓜　利湿消肿 黄花菜+猪肉　增强体质	相克	黄花菜+鹌鹑　易引发痔疮 黄花菜+驴肉　对身体不利

 1.将洗净的鲜香菇切片；泡发好的黄花菜切去花蒂；洗好的金针菇切去老茎；洗净的瘦肉切片。

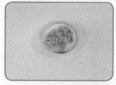 2.把肉片装碟中，加入盐、鸡粉、水淀粉、食用油，拌匀，腌渍10分钟至入味。

 3.锅中注入清水烧开，加入食用油、香菇、黄花菜、金针菇，炒匀。

 4.放入盐、鸡粉、瘦肉，拌匀，煮约1分钟至熟，将煮好的汤料盛出，装入碗中，撒上葱花即成。

小贴士　黄花菜含有卵磷脂，能增强和改善儿童大脑功能，对注意力不集中、记忆减退等症状有一定的食疗作用。黄花菜还含有膳食纤维，能促进儿童的消化和吸收。

鸡丝豆腐干

材料	鸡胸肉150克，豆腐干120克，红椒30克，姜片、蒜末、葱段各少许	调料	盐、鸡粉各少许，生抽2毫升，料酒、水淀粉、食用油各适量

相宜	鸡肉+枸杞	补五脏、益气血	相克	鸡肉+鲤鱼	对身体不利
	鸡肉+人参	止渴生津		鸡肉+芥菜	影响身体健康

 1.将洗净的豆腐干切条；洗好的红椒去籽，切丝；洗好的鸡胸肉切丝。

 2.鸡肉丝装碗中，放入盐、鸡粉、水淀粉、食用油，拌匀，腌渍10分钟至入味。

 3.热锅注油，倒入香干，拌匀，炸出香味，把炸好的香干捞出。

 4.锅底留油，放入红椒、姜片、蒜末、葱段、鸡肉丝、料酒、香干、盐、鸡粉、生抽、水淀粉，炒匀，将炒好的材料盛出，装盘即可。

小贴士	鸡胸肉含有B族维生素、铁质，可改善儿童缺铁性贫血。豆腐干含有蛋白质、脂肪、糖类，还含有钙、磷、铁等多种人体所需的矿物质，可增强儿童免疫力。

榛子腰果酸奶

材料	榛子40克，腰果45克，枸杞10克，酸奶300克	调料	食用油适量

相宜	腰果+莲子　补润五脏、安神 腰果+茯苓　补润五脏、安神	相克	腰果+鸡蛋　易导致腹痛、腹泻

 1.热锅注油，烧至四成热，倒入洗净的腰果、榛子。

 2.炸出香味，将炸好的腰果和榛子捞出，沥干油。

 3.取一个干净的杯子，将酸奶装入杯中。

 4.放入腰果、榛子，再摆上洗净的枸杞装饰即可。

小贴士	腰果的油脂含量较高，还含有蛋白质、糖类、不饱和脂肪酸和多种维生素、矿物质等，有补脑养血、补肾、健脾、润肠通便等功效。

橄榄油拌西芹玉米

材料	西芹90克，鲜玉米粒80克，蒜末少许	调料	盐3克，橄榄油10毫升，陈醋8毫升，白糖3克，食用油少许

相宜	西芹+西红柿　降低血压 西芹+牛肉　　增强免疫力	相克	西芹+黄瓜　破坏维生素C 西芹+南瓜　导致腹胀、腹泻

 1.洗净的西芹划成两半，用斜刀切段。

 2.锅中注入清水烧开，加入1克盐、食用油、西芹，焯煮约半分钟。

 3.放入玉米粒，拌匀，焯煮约半分钟，至食材断生，捞出，沥干水分。

 4.将食材装入碗中，加入蒜末、2克盐、白糖、橄榄油、陈醋，拌匀，至糖分溶化，将拌好的食材装入盘中即可。

小贴士　西芹含有膳食纤维、糖类、芹菜油及多种矿物质、维生素等营养成分，具有降血压、镇静安神、健胃、利尿等功效。

汤圆核桃露

| 材料 | 汤圆生坯200克，粘米粉60克，核桃仁30克，红枣35克 | 调料 | 冰糖25克 |

| 相宜 | 核桃仁+薏米　　　补肺、补脾、补肾
核桃仁+黑芝麻　　补肝益肾、乌发润肤 | 相克 | 核桃仁+白酒　　易导致血热
核桃仁+甲鱼　　对身体不利 |

 1.将洗净的核桃仁切小块，洗好的红枣取果肉，切小块；把粘米粉装入碗中，加入清水调匀，制成生米浆。

 2.取蒸碗，倒入红枣、清水，蒸锅上火烧开，放入蒸碗，蒸约20分钟，至食材变软，取出蒸碗，放凉。

 3.取榨汁机，放入核桃仁，倒入蒸碗中的材料，盖好盖子，选择"榨汁"功能，榨约1分钟，倒入榨好的汁水，滤入玻璃杯中。

 4.锅置火上，加入汁水、冰糖、生米浆，煮至材料熟透，盛出；另起锅，加清水、汤圆生坯，煮至汤圆熟透，盛出，放核桃露中即可。

 小贴士　　红枣富含膳食纤维及多种矿物质和维生素，有很好的抗氧化作用，还能增强人体免疫力，提高儿童抗病能力，健脑益智。

烤蜜汁核桃

材料	核桃仁200克	调料	蜂蜜20克

相宜	核桃仁+薏米　　补肺、补脾、补肾 核桃仁+黑芝麻　补肝益肾、乌发润肤	相克	核桃仁+白酒　易导致血热 核桃仁+甲鱼　对身体不利

 1.将洗净的核桃仁装在碗中，淋入蜂蜜，拌匀。

 2.转入烤盘中，铺开、摊匀，推入预热的烤箱中。

 3.关好箱门，选择"双管发热"功能，烤约10分钟，使食材香脆可口。

 4.取出烤盘，放凉后将烤好的菜肴盛入碟子中即成。

 小贴士　核桃仁含有蛋白质、膳食纤维、维生素A、维生素C以及锰、锌、铜、钾、磷、钠、硒等营养成分，具有增强体质、润肌、黑须发等作用。

牛奶花生核桃豆浆

| 材料 | 花生米15克，核桃仁8克，牛奶20毫升，水发黄豆50克 |

| 相宜 | 核桃+薏米　　补肺、补脾
核桃+黑芝麻　补肝益肾、乌发润肤 | 相克 | 核桃+白酒　易导致血热
核桃+甲鱼　对身体不利 |

 1.将已浸泡8小时的黄豆倒入碗中，放入花生、清水，洗干净，倒入滤网，沥干水分。

 2.将花生米、黄豆、核桃仁、牛奶倒入豆浆机中，注入清水，至水位线即可。

 3.盖上豆浆机机头，选择"五谷"程序，待豆浆机运转约15分钟，即成豆浆。

 4.把煮好的豆浆倒入滤网，滤取豆浆，将滤好的豆浆倒入碗中即可。

| 小贴士 | 牛奶富含儿童成长所需的多种营养元素，如蛋白质、钙、铁、镁等，能维持身体正常机能，促进儿童健康成长。 |

猴头菇花生木瓜排骨汤

材料	排骨段350克，花生米75克，木瓜300克，水发猴头菇80克，海底椰20克，核桃仁、姜片各少许	调料	盐3克

相宜	排骨+西洋参	滋养生津	相克	排骨+甘草	对身体不利
	排骨+洋葱	抗衰老		排骨+苦瓜	阻碍钙质吸收

1.将洗净的木瓜切小块，去除籽；洗净的猴头菇切除根部，再切块。

2.锅中注入清水烧开，倒入洗净的排骨段，拌匀，汆煮约2分钟，去除血渍后捞出，沥干水分。

3.砂锅中注入清水烧热，倒入排骨段、猴头菇、木瓜块、海底椰，拌匀。

4.加入核桃仁、花生米、姜片，拌匀，煮约120分钟，至食材熟透，放入盐，煮至汤汁入味，盛出煮好的排骨汤，装在碗中即可。

小贴士	排骨有补脾、润肠胃、生津液、丰机体、泽皮肤、补中益气、养血健骨的功效，能及时补充人体所必需的骨胶原等物质，增强骨髓造血功能，有助于骨骼的生长发育。

韭菜黄豆炒牛肉

材料	韭菜150克，水发黄豆100克，牛肉300克，干辣椒少许	调料	盐3克，鸡粉2克，水淀粉4毫升，料酒8毫升，老抽3毫升，生抽5毫升，食用油适量

相宜	韭菜+鸡蛋　补肾、止痛 韭菜+黄豆芽　排毒瘦身	相克	韭菜+白酒　容易上火

1.锅中注水烧开，倒入洗好的黄豆，煮断生，捞出；洗好的韭菜切成均匀的段。

2.洗净的牛肉切成丝，加1克盐、水淀粉、料酒，搅匀，腌渍入味。

3.热锅注油，倒入牛肉丝、干辣椒，炒至变色，淋入4毫升料酒，放入黄豆、韭菜。

4.加2克盐、鸡粉，淋入老抽、生抽，翻炒均匀，至食材入味即可。

小贴士　韭菜含有维生素B₁、烟酸、维生素C、胡萝卜素、硫化物及多种矿物质，具有补肾温阳、开胃消食、行气理血等功效。

玉米黄瓜沙拉

材料 去皮黄瓜100克，玉米粒100克，沙拉酱10克，罗勒叶、圣女果各少许

相宜
黄瓜+鱿鱼　增强人体免疫力
黄瓜+土豆　排毒瘦身

相克
黄瓜+西红柿　破坏维生素C
黄瓜+小白菜　降低营养价值

1.洗净的黄瓜切粗条，改切成丁。

2.锅中注入清水烧开，倒入玉米粒，焯煮片刻。

3.将焯煮好的玉米粒捞出，放入凉水中冷却，捞出，放入碗中。

4.放入黄瓜，拌匀，倒入盘中，挤上沙拉酱，放上罗勒叶、圣女果做装饰即可。

小贴士 黄瓜含有糖类、粗纤维、维生素B$_1$、维生素C、磷、铁等营养成分，具有清热利水、解毒消肿、生津止渴、降血糖等功效。

黄豆白菜炖粉丝

材料	熟黄豆150克，水发粉丝200克，白菜120克，姜丝、葱段各少许，清水适量	调料	盐2克，鸡粉少许，生抽5毫升，食用油适量

相宜	黄豆+白菜　保护乳腺 黄豆+红枣　补血、养颜	相克	黄豆+菠菜　不利营养的吸收 黄豆+核桃　导致腹胀、消化不良

1.洗净的白菜切成粗丝。

2.用油起锅，下入姜丝、葱段，爆香；倒入白菜丝，炒至变软；淋入生抽，炒匀。

3.注入清水，大火煮沸；倒入黄豆，加盐、鸡粉调味，盖上盖，用中火煮5分钟。

4.揭盖，倒入粉丝，搅散，煮至熟软即可。

小贴士　白菜味道清甜，含有大量的膳食纤维和维生素C、钙、铁、镁等营养物质，具有益胃生津、清热除烦等作用。黄豆含有丰富的优质蛋白和多种维生素，具有健脾、益气、润燥、补血等功效。

白菜玉米沙拉

| 材料 | 生菜40克，白菜50克，玉米粒80克，去皮胡萝卜40克，柠檬汁10毫升 | 调料 | 盐2克，蜂蜜、橄榄油各适量 |

| 相宜 | 玉米+大豆　提高营养价值
玉米+山药　获取更多营养 | 相克 | 玉米+田螺　对身体不利
玉米+红薯　造成腹胀 |

1.洗净的胡萝卜切成丁；洗好的白菜切成块；洗净的生菜切成块。

2.锅中注入清水烧开，倒入胡萝卜、玉米粒、白菜，焯煮约2分钟至断生。

3.将焯煮好的蔬菜放入凉水中，冷却后捞出，沥干水分。

4.放入生菜、盐、柠檬汁、蜂蜜、橄榄油，拌匀，倒入盘中即可。

| 小贴士 | 玉米含有膳食纤维、胡萝卜素、脂肪酸、烟酸、维生素E、镁、硒、钙等营养成分，具有健脾止泻、延缓衰老、利尿消肿等功效。 |

小鱼花生

材料	小鱼干150克，花生米200克，红椒50克，葱花、蒜末各少许	调料	盐、鸡粉各2克，椒盐粉3克，食用油适量

相宜	花生+红枣　健脾、止血 花生+芹菜　预防心血管疾病	相克	花生+蕨菜　腹泻、消化不良 花生+肉桂　降低营养

 1.洗净的红椒切成丁。

 2.锅中注水烧开，倒入小鱼干，氽煮片刻，捞出。

 3.热锅注油，倒入花生米，炸至微黄色，捞出，沥干油；再倒入小鱼干，炸至酥软，捞出，沥干油。

 4.用油起锅，倒入蒜末、红椒丁、小鱼干，炒匀；加盐、鸡粉、椒盐粉，炒匀；加葱花、花生米，翻炒至熟即可。

小贴士　花生含有蛋白质、不饱和脂肪酸、胡萝卜素、维生素E、钙、磷、钾等营养成分，具有益气补血、增强记忆力、养阴补虚等功效。

肉丝黄豆汤

材料	水发黄豆250克，五花肉100克，猪皮30克，葱花少许	调料	盐、鸡粉各1克

相宜	黄豆+香菜	健脾宽中、祛风解毒	相克	黄豆+核桃	导致腹胀、消化不良
	黄豆+胡萝卜	有助骨骼发育		黄豆+菠菜	不利营养的吸收

 1.洗净的猪皮切条；洗好的五花肉切片，改刀切丝。

 2.砂锅中注水，倒入猪皮条，煮15分钟。

 3.倒入泡好的黄豆，拌匀，煮约30分钟至黄豆熟软。

 4.放入五花肉、盐、鸡粉，拌匀，煮3分钟至五花肉熟透，盛出煮好的汤，撒上葱花即可。

小贴士	黄豆含有植物蛋白、脂肪、糖类、钙、磷、镁、钾等多种营养物质，具有补充营养、增强体质、补钙、防止动脉硬化等作用。

胡萝卜炒玉米笋

| 材料 | 玉米笋160克，白菜梗40克，胡萝卜50克，彩椒20克，蒜末少许 | 调料 | 盐、鸡粉各2克，白糖、水淀粉、食用油各适量 |

| 相宜 | 胡萝卜+香菜　　开胃消食
胡萝卜+绿豆芽　排毒瘦身 | 相克 | 胡萝卜+山楂　　破坏维生素C
胡萝卜+桃子　　降低营养价值 |

 1.洗净的玉米笋对半切开；洗好的白菜梗切粗丝；去皮洗净的胡萝卜切条形；洗好的彩椒切粗丝。

 2.锅中注入清水，放入胡萝卜条，略煮一会儿，放入玉米笋，拌匀，焯煮一会儿。

 3.倒入白菜丝、彩椒丝、食用油，拌匀，煮至食材断生，捞出材料，沥干水分。

 4.用油起锅，撒上蒜末，爆香，倒入焯过水的食材，炒匀，加入盐、白糖、鸡粉、水淀粉，炒至食材入味，盛出炒好的菜肴，装入盘中即成。

小贴士　　胡萝卜有健脾和胃、补肾明目、清热解毒、壮阳补肾、降气止咳等功效，对于肠胃不适、便秘、夜盲症、小儿营养不良等症状有食疗作用。

236

胡萝卜玉米沙拉

（二维码）

材料	胡萝卜200克，鲜玉米粒100克，洋葱130克，虾仁80克，熟红腰果70克	调料	盐2克，鸡粉2克，蒸鱼豉油4毫升，橄榄油适量

相宜	洋葱+鸡肉　延缓衰老 洋葱+玉米　降压降脂	相克	洋葱+蜂蜜　伤害眼睛 洋葱+黄豆　降低钙吸收

1.将洗净去皮的胡萝卜切成丁；洗净的洋葱切小块；将虾背切开，去除虾线。

2.锅中注入清水烧开，放1克盐、橄榄油、胡萝卜，拌匀，煮约半分钟。

3.加入玉米粒、洋葱、虾仁，拌匀，煮约2分钟至食材断生，把煮好的食材捞出，沥干水分。

4.将食材装入碗中，放1克盐、鸡粉、蒸鱼豉油、橄榄油，拌匀，把拌好的食材装盘，放上红腰果即可。

小贴士	洋葱具有散寒、健胃、发汗、祛痰、杀菌、降血脂、降血压、降血糖、抗癌之功效，可以降低血管脆性、保护人体动脉血管，还能帮助防治流行性感冒。

黄豆花生焖猪皮

材料	水发黄豆120克，水发花生米90克，猪皮150克，姜片、葱段各少许	调料	料酒4毫升，老抽2毫升，盐2克，鸡粉2克，水淀粉7毫升，食用油适量

相宜	黄豆+花生　丰胸补乳 黄豆+香菜　健脾宽中、祛风解毒	相克	黄豆+虾皮　影响钙的消化吸收 黄豆+菠菜　不利营养的吸收

 1.处理好的猪皮切块；锅中注水烧开，倒入猪皮，淋入2毫升料酒，汆去腥味，捞出，沥干水分。

 2.用油起锅，放入姜片、葱段、猪皮、2毫升料酒、老抽，炒至均匀。

 3.注入清水，放入黄豆、花生，拌匀，加入盐，拌匀，烧开后用小火焖约30分钟。

 4.撇去浮沫，转大火收汁，加入鸡粉，拌匀调味，用水淀粉勾芡即可。

小贴士　黄豆含有蛋白质、大豆异黄酮、B族维生素、维生素C、钙、磷等营养成分，具有健脾宽中、增强免疫力、清热解毒等功效。

腐竹栗子猪肚汤

材料	猪肚300克，瘦肉200克，水发腐竹150克，板栗100克，红枣10克	调料	盐2克

相宜	腐竹+猪肝　促进维生素B$_{12}$的吸收	相克	腐竹+蜂蜜　影响消化吸收 腐竹+橙子　影响消化吸收

 1.洗净的瘦肉切成块；洗好的猪肚切成粗丝；洗净的腐竹切成段。

 2.锅中注入清水烧开，倒入瘦肉，汆煮片刻，捞出汆煮好的瘦肉，沥干水分；放入猪肚，汆煮片刻，捞出猪肚，沥干水分。

 3.砂锅中注入清水，倒入猪肚、瘦肉、板栗、红枣，拌匀，煮至析出有效成分。

 4.放入腐竹，拌匀，续煮10分钟至腐竹熟，加入盐，拌片刻至入味，盛出煮好的汤，装入碗中即可。

小贴士	腐竹含有蛋白质、脂肪、糖类、维生素E、大豆卵磷脂及钠、铁、钙等营养成分，具有增高助长、保护心脏、预防骨质疏松等功效。

腰果炒玉米粒

材料	黄瓜、胡萝卜、玉米粒各100克，腰果30克，姜末、蒜末、葱段各少许	调料	盐3克，鸡粉2克，料酒5毫升，水淀粉少许，食用油适量

相宜	腰果+莲子　补润五脏、安神 腰果+薏米　补润五脏、安神	相克	腰果+鸡蛋　腹痛腹泻

1.洗好的黄瓜去籽，切丁；洗净的胡萝卜切丁。

2.热锅注油，放入腰果，炸至微黄色，把炸好的腰果捞出，装盘。

3.锅中注入清水烧开，放入1克盐、胡萝卜、黄瓜、玉米粒，拌匀，煮约1分钟至其断生，把焯煮好的食材捞出，装盘。

4.用油起锅，放入姜末、蒜末、葱段，爆香，倒入胡萝卜、黄瓜、玉米粒、2克盐、鸡粉、料酒、水淀粉，炒匀，盛出炒好的菜肴，装入盘中即可。

小贴士　腰果含有蛋白质、不饱和脂肪酸和多种维生素、矿物质，具有补脑、养血、补肾、健脾、润肤美容等功效。

丝瓜焖黄豆

材料	丝瓜180克，水发黄豆100克，姜片、蒜末、葱段各少许	调料	生抽4毫升，鸡粉2克，豆瓣酱7克，水淀粉2毫升，盐、食用油各适量

相宜	丝瓜+青豆　预防口臭、便秘 丝瓜+菊花　清热养颜、净肤除斑	相克	丝瓜+菠菜　易引起腹泻 丝瓜+芦荟　易引起腹痛、腹泻

1.洗净的丝瓜斜切成小块。

2.锅中注水烧开，加盐，倒入黄豆，煮至沸腾，捞出。

3.用油起锅，放入姜片、蒜末，爆香；倒入黄豆，炒匀；注入清水，放入生抽、盐、鸡粉，盖上盖，烧开后用小火焖15分钟。

4.揭盖，倒入丝瓜，炒匀；再盖上盖，焖5分钟至全部食材熟透；放入葱段、豆瓣酱，炒匀；淋入水淀粉勾芡即可。

小贴士	丝瓜含皂苷、木聚糖、维生素C、B族维生素等，具有清暑凉血、解毒通便、祛风化痰、润肌美容、通经络、行血脉、下乳汁、调理月经不顺等功效。

芡实核桃糊

材料 红枣15克，芡实150克，核桃仁35克

调料 白糖适量

相宜
核桃+鳝鱼　降低血糖
核桃+红枣　美容养颜

相克
核桃+黄豆　引发腹痛、腹胀
核桃+甲鱼　对身体不利

1.将洗净的红枣对半切开，去核。

2.取豆浆机，倒入红枣、核桃仁、芡实，注入清水，至水位线即可，加入白糖。

3.盖上豆浆机机头，选择"快速豆浆"，待豆浆机运转约15分钟，即成豆浆。

4.打开豆浆机机头，将打好的核桃糊倒入碗中即可。

小贴士　　核桃含有蛋白质、膳食纤维、维生素B₁、胡萝卜素等营养成分，具有健脑益智、开胃润肠、促进新陈代谢等功效。

花生核桃糊

材料
糯米粉90克，核桃仁60克，花生米50克

相宜
花生＋芹菜　预防心血管疾病
花生＋红枣　健脾、止血

相克
花生＋黄瓜　导致腹泻
花生＋肉桂　降低营养价值

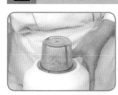
1.取榨汁机，倒入洗净的花生米、核桃仁，选择"干磨"功能，精磨一会儿，至材料呈粉末状。

2.倒出磨好的材料，装入碗中，制成核桃粉，将糯米粉放入碗中，注入清水，调匀，制成生米糊。

3.砂锅中注入清水烧开，倒入核桃粉，拌煮至沸。

4.放入生米糊，边搅拌，至其溶于汁水中，煮约2分钟，至材料呈糊状，盛出煮好的核桃糊，装入碗中即可。

小贴士
　　花生含有蛋白质、脂肪、维生素A、维生素B_6、维生素E、维生素K及钙、磷、铁等营养成分，有健脑益智、滋补气血、健脾养胃的作用。

花生紫甘蓝煎饼

材料	面粉350克，紫甘蓝80克，花生碎70克，葱花少许	调料	盐2克，食用油适量

相宜	花生+红酒　保护心脏、畅通血管 花生+红枣　健脾、止血	相克	花生+蕨菜　易导致腹泻、消化不良 花生+肉桂　降低营养

 1.洗净的紫甘蓝切成丝，再切成粒。

 2.锅中注入清水烧开，放入紫甘蓝，煮半分钟至断生，把紫甘蓝捞出，沥干水分。

 3.将面粉装入碗中，加入花生碎、紫甘蓝、葱花、盐、清水、食用油，拌匀。

 4.煎锅注油，放入面糊，摊成饼状，煎至焦黄色，把煎好的饼取出，切小块，将煎饼装入盘中即可。

小贴士　花生含有蛋白质、不饱和脂肪酸、卵磷脂、维生素E、粗纤维、胆碱等营养成分，能强化血管、预防动脉硬化，对高血压病患者身体健康有利。

花生红米粥

材料	水发花生米100克，水发红米200克	调料	冰糖20克

相宜	花生+红酒　保护心脏、畅通血管 花生+红枣　健脾、止血	相克	花生+螃蟹　易导致肠胃不适、腹泻 花生+蕨菜　易导致腹泻、消化不良

1.砂锅中注入适量清水烧开，放入洗净的红米，搅拌一会儿。

2.再倒入洗好的花生米，拌至均匀。

3.盖上盖，煮沸后用小火煮约60分钟，至米粒熟透。

4.放入冰糖，煮片刻，至冰糖完全溶化，盛出煮好的红米粥，装入汤碗中，待稍微冷却后即可食用。

小贴士　花生含有蛋白质、维生素A、维生素B_6、维生素E、维生素K以及钙、磷、铁等矿物质，能促进骨髓制造血小板的功能，对缺铁性贫血症有一定的食疗效果，对儿童贫血症状有一定的改善作用。

花生腐竹汤

材料	水发腐竹80克，花生米75克，水发黄豆70克，水发干百合35克，姜片少许	调料	盐2克

相宜	腐竹+猪肝　促进维生素B₁₂的吸收	相克	腐竹+蜂蜜　影响消化吸收 腐竹+橙子　影响消化吸收

 1.将洗净的腐竹对半切开，待用。

 2.砂锅中注入清水烧开，倒入洗净的黄豆、百合、花生、腐竹、姜片，拌匀。

 3.加盖，大火煮开后转小火煮1小时至熟。

 4.揭盖，加入盐，搅拌片刻至入味，盛出煮好的汤，装入碗中即可。

小贴士　腐竹含有蛋白质、糖类、维生素E、大豆卵磷脂及钠、铁、钙等营养成分，具有增高助长、保护心脏、预防骨质疏松等功效。

核桃仁炒茄子

材料	茄子300克，核桃仁25克，甜辣酱5克，生粉20克，鸡蛋1个，姜片、葱段各少许	调料	盐、鸡粉、料酒、生抽、水淀粉、香油、食用油各适量

相宜	茄子+黄豆	消肿、消炎	相克	茄子+鱿鱼	对身体不利
	茄子+牛肉	强身健体		茄子+墨鱼	引起霍乱

 1.洗净的茄子去皮，切成滚刀块。

 2.取一碗，打入鸡蛋，搅散，倒入生粉、茄子，拌匀；另取一碗，注入清水，加盐、鸡粉、料酒、生抽、水淀粉、香油，拌匀，制成汁液。

 3.热锅注油，烧至三成热，放入装有核桃仁的漏勺，油炸片刻，捞出，沥干油；油烧至六成热，倒入茄子，炸至金黄色，捞出，沥干油。

 4.用油起锅，放入姜片、甜辣酱、调好的汁液、茄子、葱段，炒至入味，盛出装盘，放上核桃仁、剩余的葱段即可。

小贴士	核桃仁含有蛋白质、膳食纤维、维生素B₁、胡萝卜素等营养成分，具有健脑益智、开胃润肠、促进新陈代谢等功效。

花生黄豆红枣羹

材料	水发黄豆250克，水发花生100克，去核红枣20克	**调料**	冰糖20克

相宜	花生+红酒	保护心脏、畅通血管	**相克**	花生+螃蟹	易导致肠胃不适
	花生+红枣	健脾、止血		花生+蕨菜	易导致消化不良

1.砂锅注水烧热，倒入泡好的黄豆。

2.再放入泡好的花生。

3.倒入洗净的红枣。

4.续煮40分钟至食材熟软，倒入冰糖，拌至溶化，盛出甜品汤，装碗即可。

小贴士	花生含有淀粉、脂肪、蛋白质、多种维生素以及卵磷脂、钙、铁等营养元素，具有健脑益智、养生保健、美容健体等功效。

茭白烧黄豆

材料	茭白180克，彩椒45克，水发黄豆200克，蒜末、葱花各少许	调料	盐3克，鸡粉3克，蚝油10克，水淀粉4毫升，芝麻油2毫升，食用油适量

相宜	黄豆+牛蹄筋　美容养颜 黄豆+胡萝卜　有助于骨骼发育	相克	黄豆+虾米　影响钙的消化吸收 黄豆+核桃　易导致消化不良

 1.洗净去皮的茭白对半切开，切成丁；洗好的彩椒切成丁。

 2.锅中注入清水烧开，放入盐、鸡粉、食用油、茭白、彩椒、黄豆，拌匀，煮1分钟至五成熟，把焯煮好的茭白、彩椒、黄豆捞出，沥干水分。

 3.锅中倒入食用油烧热，放入蒜末，爆香，倒入焯过水的食材，炒匀。

 4.放入蚝油、鸡粉、盐、清水、水淀粉、芝麻油、葱花，炒匀，盛出炒好的食材，装入盘中即可。

小贴士　黄豆含有蛋白质、维生素、异黄酮、铁、镁、锰、铜、锌、硒等营养成分，能降低胆固醇含量，有助于稳定血压，对高血压有食疗作用。

莴笋核桃豆浆

材料 莴笋65克，核桃仁30克，水发黑豆55克

相宜
核桃+鳝鱼　降低血糖
核桃+红枣　美容养颜

相克
核桃+黄豆　引发腹痛、腹胀
核桃+野鸡　不利营养的吸收

1.将洗净去皮的莴笋切成滚刀块。

2.把莴笋、核桃仁倒入豆浆机中，放入黑豆、清水。

3.盖上豆浆机机头，选择"五谷"程序，待豆浆机运转约15分钟，即成豆浆。

4.把煮好的豆浆倒入滤网，滤取豆浆，倒入杯中，用汤匙撇去浮沫即可。

小贴士 　核桃含有蛋白质、亚油酸、B族维生素、铜、镁、钾、磷、铁等营养成分，具有健脑益智、温肺定喘、润肠通便等功效。

蚕豆炒蛋

材料	水发蚕豆120克，鸡蛋3个	调料	盐、鸡粉、食用油各少许

相宜	鸡蛋+干贝　增强人体免疫力 鸡蛋+韭菜　保肝护肾	相克	鸡蛋+红薯　容易造成腹痛 鸡蛋+兔肉　导致腹泻

 1.锅中注入清水烧热，加入食用油、盐，煮片刻至沸，倒入蚕豆，搅拌片刻，煮10分钟煮熟软，捞出，沥干水分。

 2.鸡蛋倒入碗中，加入盐、鸡粉，搅拌成蛋液。

 3.炒锅中倒入食用油、蚕豆，炒至均匀。

 4.加入蛋液，炒片刻使其均匀，将炒好的食材盛出装入盘中即可。

小贴士　鸡蛋含有蛋白质、维生素A、B族维生素、钙、卵磷脂、钠、镁等成分，具有增强免疫力、保护视力、加速代谢等功效。

豌豆炒玉米

| 材料 | 鲜玉米粒200克，胡萝卜70克，豌豆180克，姜片、蒜末、葱段各少许 | 调料 | 盐3克，鸡粉2克，料酒4毫升，水淀粉、食用油各适量 |

| 相宜 | 豌豆+虾仁　提高营养价值
豌豆+蘑菇　改善食欲不佳 | 相克 | 豌豆+蕨菜　降低营养价值
豌豆+菠菜　影响钙的吸收 |

 1.将洗净去皮的胡萝卜切片，再切成细条，改切成粒。

 2.锅中注入清水烧开，加入1克盐、食用油、胡萝卜粒、豌豆、玉米粒，搅匀，再煮1分30秒，至食材断生后捞出，沥干水分。

 3.用油起锅，放入姜片、蒜末、葱段，爆香，再倒入焯煮好的食材，炒匀。

 4.加入料酒、鸡粉、2克盐，炒一会儿，至食材入味，倒入水淀粉勾芡，盛出炒好的食材，装在盘中即成。

| 小贴士 | 豌豆含有多种人体所需的营养物质，其所含的优质蛋白质可以提高机体的抗病能力；其还含有较多的膳食纤维，可增强饱腹感，减少人体对糖类的吸收。 |

香菇豌豆炒笋丁

材料	水发香菇65克，竹笋85克，胡萝卜70克，彩椒15克，豌豆50克	调料	盐2克，鸡粉2克，料酒、食用油各适量

相宜	竹笋+鸡肉　暖胃益气、补精填髓 竹笋+莴笋　治疗肺热痰火	相克	竹笋+羊肝　对身体不利 竹笋+豆腐　易形成结石

1.竹笋切丁；胡萝卜切丁；彩椒切小块；香菇切小块。

2.锅中注水烧开，加入料酒、食用油，放入竹笋、香菇、豌豆、胡萝卜、彩椒，煮至断生，捞出，沥干水分。

3.用油起锅，倒入焯过水的食材，炒匀。

4.加入盐、鸡粉，炒匀调味即可。

小贴士　竹笋含有糖类、胡萝卜素、纤维素、维生素、钙、磷、铁等营养成分，具有清热、化痰、健胃、瘦身、排毒等功效。

栗子腐竹煲

材料	腐竹20克，香菇30克，青椒、红椒各15克，芹菜10克，板栗60克，姜片、蒜末、葱段、葱花各少许	调料	盐、鸡粉各2克，水淀粉、白糖、番茄酱、生抽、食用油各适量

相宜	板栗+鸡肉　补肾虚、益脾胃 板栗+白菜　健脑益肾	相克	板栗+杏仁　引起胃痛 板栗+羊肉　不易消化

1.芹菜切长段；青椒切小块；红椒切小块；香菇切小块；板栗切去两端。

2.热锅注油，烧至四五成热，倒入腐竹，炸至金黄色，捞出；放入板栗，炸干水分，捞出，沥干油。

3.锅留底油烧热，倒入姜片、蒜末、葱段，爆香；放入香菇，炒匀；注入清水，倒入腐竹、板栗，加入生抽，炒匀。

4.加入盐、鸡粉、白糖、番茄酱，炒匀，焖煮4分钟；倒入青椒、红椒、水淀粉、芹菜，炒熟；盛入砂锅中，煮沸，撒上葱花即可。

小贴士　板栗含有淀粉、糖类、蛋白质、B族维生素等营养成分，具有益气补脾、强筋健骨、延缓衰老等功效。

板栗焖香菇

材料	去皮板栗200克，鲜香菇40克，去皮胡萝卜50克	调料	盐、鸡粉、白糖各1克，生抽、料酒、水淀粉各5毫升，食用油适量

相宜	板栗+鸡肉　补肾虚、益脾胃 板栗+红枣　补肾虚、治腰痛	相克	板栗+牛肉　降低营养价值 板栗+羊肉　不易消化吸收

 1.板栗对半切开；香菇切十字刀，成小块状；胡萝卜切滚刀块。

 2.用油起锅，倒入板栗、香菇、胡萝卜，翻炒均匀。

 3.加生抽、料酒，炒匀；注入清水，加盐、鸡粉、白糖，炒匀；加盖，用大火煮开后转小火焖15分钟。

 4.揭盖，淋入水淀粉勾芡即可。

小贴士　板栗含有膳食纤维、蛋白质、脂肪、维生素C、铜、镁等多种营养物质，具有坚固牙齿、滋补肝肾、提高人体抵抗力等功效。

杏鲍菇炒甜玉米

材料	杏鲍菇100克，鲜玉米粒150克，胡萝卜50克，姜片、蒜末各少许	调料	盐5克，鸡粉2克，白糖3克，料酒3毫升，水淀粉10毫升，食用油少许

相宜	玉米+鸡蛋　防止胆固醇过高 玉米+松仁　益寿养颜	相克	玉米+田螺　对身体不利 玉米+红薯　造成腹胀

1.将洗净去皮的胡萝卜切丁；洗净的杏鲍菇切丁。

2.锅中注水煮沸，加2克盐、食用油，倒入杏鲍菇，煮1分钟；倒入胡萝卜、玉米粒，续煮1分钟，捞出食材。

3.用油起锅，倒入姜片、蒜末、大火爆香；放入焯煮过的食材，翻炒匀。

4.淋上料酒，炒香；加3克盐、鸡粉、白糖，炒匀调味；淋入水淀粉勾芡即可。

小贴士　玉米中含有较多的粗纤维和大量的镁，镁可加强肠壁蠕动，促进机体废物的排泄，对于减肥非常有利。玉米中还含有异麦芽低聚糖、维生素B$_1$、维生素等营养物质，这些物质对预防心脏病、癌症等有很大的益处。

红烧莲藕肉丸

材料	肉末200克，莲藕300克，香菇80克，鸡蛋1个，姜片、葱段各少许	调料	盐、鸡粉各少许，生抽5毫升，老抽4毫升，料酒、水淀粉、食用油各适量

相宜	莲藕+猪肉　滋阴血、健脾胃 莲藕+羊肉　润肺补血	相克	莲藕+人参　降低药效 莲藕+菊花　腹泻

 1.洗净去皮的莲藕切成粒；洗好的香菇切成碎末。

 2.取碗，倒入肉末、莲藕、香菇，加鸡粉、盐，再打入鸡蛋，倒入水淀粉，拌至起劲。

 3.将拌好的材料挤成肉丸，入油锅炸至金黄色，捞出，沥干油；锅底留油，倒入姜片、葱段，爆香。

 4.注入清水，加盐、鸡粉、生抽、肉丸、老抽，煮至食材上色，淋入料酒，搅匀，倒入水淀粉勾芡即可。

小贴士	莲藕含有蛋白质、淀粉、B族维生素、维生素C、钙、磷、铁等营养成分，具有健脾开胃、益血补心、强壮筋骨等功效。

凉拌莴笋条

材料	莴笋170克，红椒20克，蒜末少许	调料	盐3克，鸡粉2克，生抽3毫升，陈醋10毫升，芝麻油适量

相宜	莴笋+蒜苗　防治高血压 莴笋+香菇　利尿通便	相克	莴笋+蜂蜜　可能引起消化不良 莴笋+乳酪　可能引起消化不良

1.将洗净去皮的莴笋切成条；洗好的红椒切开，再切粗丝，待用。

2.锅中注水烧开，倒入莴笋条，搅散，加入1克盐，搅匀，焯煮至食材断生后捞出，沥干水分。

3.将食材装入碗中，再撒上红椒丝，拌匀，倒入蒜末，拌匀。

4.放入陈醋、生抽，拌匀，放入芝麻油，加入2克盐，撒上鸡粉，搅拌入味即可。

小贴士	莴笋含有膳食纤维、维生素E以及钾、钠、钙、镁、铁、锰、磷、硒等营养成分，具有促进骨骼的正常发育、扩张血管、帮助消化等功效。

圣女果芦笋鸡柳

材料	鸡胸肉220克，芦笋100克，圣女果40克，葱段少许	调料	盐3克，鸡粉少许，料酒6毫升，水淀粉、食用油各适量

相宜	芦笋+木耳　清肺、润燥 芦笋+冬瓜　清脂、瘦身	相克	芦笋+羊肉　导致腹痛 芦笋+羊肝　降低营养价值

 1.将洗净的芦笋用斜刀切长段；洗好的圣女果对半切开。

 2.洗净的鸡胸肉切条形，加1克盐、水淀粉、3毫升料酒，搅拌一会儿，再腌渍约10分钟，待用。

 3.起油锅，放入鸡肉条，轻轻搅动，使肉条散开，再放入芦笋段，用小火略炸至食材断生后捞出，沥干油。

 4.油爆葱段，倒入炸好的材料，用大火快炒，放入圣女果炒匀，加入2克盐、鸡粉、3毫升料酒、水淀粉，炒匀即成。

小贴士	芦笋含有蛋白质、B族维生素、锌、铜、锰、硒、铬等营养成分，具有清热利尿、降血压、增进食欲等功效。

培根芦笋卷

材料	培根100克，芦笋50克，芝士25克，黄油10克，红椒10克	调料	盐、胡椒粉各2克

相宜	芦笋+木耳　清肺、润燥 芦笋+冬瓜　清脂、瘦身	相克	芦笋+羊肉　导致腹痛 芦笋+羊肝　降低营养价值

 1.去皮洗净的芦笋切段，再切条形；洗净的红椒切粗丝；芝士切薄片。

 2.洗净的培根对半切开，取切好的培根，平放好，撒上芝士片，放入切好的芦笋、红椒。

 3.卷成卷儿，再用牙签固定住，制成数个芦笋卷生坯，放入盘中，待用。

 4.煎锅烧热，放入黄油烧至溶化，放入生坯，用中小火煎出香味，撒上盐、胡椒粉，煎至食材入味即可。

小贴士　芦笋含有多种氨基酸、维生素及膳食纤维、天冬酰胺、硒、钼、铬、锰等营养成分，具有调节机体代谢、增强免疫力等功效。

西红柿炒冻豆腐

材料	冻豆腐200克，西红柿170克，姜片、葱花各少许	调料	盐、鸡粉各2克，白糖少许，食用油适量

相宜	西红柿+蜂蜜　补血养颜 西红柿+芹菜　降压、健胃消食	相克	西红柿+红薯　　引起呕吐、腹泻 西红柿+猕猴桃　降低营养价值

 1.冻豆腐撕成碎片；西红柿切小瓣。

 2.锅中注水烧开，放入冻豆腐，煮1分钟，捞出，沥干水分。

 3.用油起锅，撒上姜片，爆香；倒入西红柿瓣，炒至析出水分。

 4.倒入豆腐，翻炒匀；转小火，加盐、白糖、鸡粉，中火炒至食材熟软；盛出装盘，撒上葱花即可。

小贴士　西红柿富含有机碱、番茄碱、B族维生素、维生素C及钙、镁、钾、钠、磷、铁等矿物质，具有健胃消食、生津止渴、清热解毒、凉血平肝的功效。

山楂鱼块

材料	山楂90克，鱼肉200克，陈皮4克，玉竹30克，姜片、蒜末、葱段各少许	**调料**	盐、鸡粉、生抽各少许，生粉10克，白糖3克，老抽2毫升，水淀粉4毫升，食用油适量

相宜	草鱼+醋　　营养价值更高 草鱼+莼菜　　健脾和胃、利水消肿	**相克**	草鱼+西红柿　　降低营养价值

1.洗好的玉竹切成小块；洗净的陈皮去除白瓤，切成小块；洗好的山楂切开，去核，切成小块。

2.处理干净的鱼肉切成小块，加盐、生抽、鸡粉、生粉，拌匀，腌渍10分钟。

3.起油锅，放入鱼块，炸至金黄色，捞出；油爆姜片、蒜末、葱花，加入陈皮、山楂、玉竹，炒匀。

4.倒入清水，放入生抽、盐、鸡粉、白糖、老抽、水淀粉炒匀，加入鱼块，翻炒均匀即可。

小贴士　　鱼肉所含的蛋白质是完全蛋白，而且其所含的氨基酸比例接近人体需要，很容易被人体消化吸收。儿童常食能增强机体免疫力。

干煸芹菜肉丝

材料 猪里脊肉220克，芹菜50克，干辣椒8克，青椒20克，红小米椒10克，葱段、姜片、蒜末各少许

调料 豆瓣酱12克，鸡粉、胡椒粉各少许，生抽5毫升，料酒、花椒油、食用油各适量

相宜 芹菜+西红柿　降低血压
芹菜+核桃　　美容养颜和抗衰老

相克 芹菜+牡蛎　降低锌的吸收

 1.将洗净的青椒切细丝；洗好的红小米椒切丝；洗净的芹菜切段。

 2.洗好的猪里脊肉切细丝，入油锅，煸干水汽，盛出；起油锅，放入干辣椒炸香，盛出。

 3.倒入葱段、姜片、蒜末，爆香；加入豆瓣酱，放入肉丝，淋入料酒，撒上红小米椒，炒香。

 4.加入芹菜段、青椒丝、生抽、鸡粉、胡椒粉、花椒油，炒至入味即成。

小贴士 　猪里脊肉含有优质蛋白、维生素A、B族维生素、钙、铁、锌、镁等营养成分，具有补肾养血、滋阴润燥、润肌肤、止消渴等功效。

开心果西红柿炒黄瓜

材料	开心果仁55克，黄瓜90克，西红柿70克	调料	盐2克，橄榄油适量

相宜	开心果+红椒　　促进食欲 开心果+鸡肉　　养神抗衰、润肠排毒	相克	开心果+羊肉　　引起腹胀、胸闷

1.黄瓜切开，去瓤，斜刀切段；西红柿切小瓣。

2.煎锅中淋入适量橄榄油，用大火烧热。

3.倒入黄瓜段，炒匀；放入西红柿，炒至变软；加盐调味。

4.撒上开心果仁，中火翻炒至食材入味即可。

小贴士	开心果仁有较好的滋补作用，含有维生素A、叶酸、烟酸、泛酸、铁、磷、钾、钠、钙等多种矿物质，具有抗衰老、增强体质、温肾暖脾、补益虚损等作用。

慈姑炒芹菜

材料	慈姑100克，芹菜100克，彩椒50克，蒜末、葱段各适量	调料	盐、鸡粉各少许，水淀粉4毫升，食用油适量

相宜	芹菜+西红柿　降低血压 芹菜+牛肉　　增强免疫力	相克	芹菜+生蚝　降低锌的吸收率 芹菜+蚬　　易引起腹泻

 1.洗好的慈姑切成片；洗净的芹菜切成段；洗好的彩椒对半切开，去籽，切成小块。

 2.锅中注水烧开，放入盐、鸡粉，倒入彩椒、慈姑，搅匀，煮1分钟，捞出，沥干水分。

 3.油爆蒜末、葱段，放入芹菜段，加入切好的彩椒、慈姑，翻炒均匀。

 4.加入少许盐、鸡粉，炒匀调味，倒入水淀粉，快速翻炒均匀即可。

小贴士	芹菜含膳食纤维、维生素C、维生素P、芹菜苷、挥发油、钙、铁、磷等营养物质，具有清热解毒、降压、消暑、健胃消食的功效，适合儿童夏季食用。

芦笋西红柿汁

材料
芦笋50克，西红柿80克，牛奶200毫升

相宜
西红柿+芹菜　降血压、健胃消食
西红柿+蜂蜜　补血养颜

相克
西红柿+螃蟹　易引起腹痛、腹泻

1.洗净去皮的芦笋切成小段；洗好的西红柿切小瓣，去皮，把果肉切成小块。

2.锅中注水烧开，倒入芦笋段，用中火煮约4分钟至熟，捞出，沥干水分，待用。

3.取榨汁机，选择搅拌刀座组合，倒入西红柿、芦笋，注入牛奶，盖上盖。

4.选择"榨汁"功能，榨取蔬菜汁，断电后倒出蔬菜汁，装入杯中即可。

小贴士
芦笋含有胡萝卜素、膳食纤维、天门冬氨酸、精氨酸、香豆素、挥发油等营养成分，具有增进食欲、清热解毒、帮助消化等功效。

扁豆西红柿沙拉

材料	扁豆150克，西红柿70克，玉米粒50克	调料	白醋5毫升，橄榄油9毫升，白胡椒粉2克，盐、沙拉酱各少许

相宜	西红柿+酸奶　补虚降脂 西红柿+花菜　预防心血管疾病	相克	西红柿+虾　　对身体不利 西红柿+螃蟹　易引起腹痛、腹泻

1.洗净的扁豆切成块；洗净的西红柿切开，去蒂，再切成小块。

2.锅中注入适量清水，用大火烧开，倒入扁豆，搅匀，煮至断生，捞出，放入凉水中过凉，捞出，沥干水分。

3.把玉米倒入开水中，煮至断生，捞出，放入凉开水中过凉，捞出，沥干水分，备用。

4.将放凉后的食材装碗，倒入西红柿，加盐、白胡椒粉、橄榄油、白醋，搅匀，装入盘中，挤上沙拉酱即可。

小贴士　　西红柿含有膳食纤维、糖类、有机酸、纤维素、苹果酸等营养成分，具有祛斑美容、增强免疫力、增进食欲等功效。

拔丝苹果

材料	去皮苹果2个，高筋面粉90克，泡打粉60克，熟白芝麻20克	调料	白糖40克，食用油适量

相宜	苹果+洋葱　保护心脏 苹果+芦荟　消食顺气	相克	苹果+胡萝卜　破坏维生素C

 1.洗净的苹果去籽，切块；取一碗，倒入部分高筋面粉、泡打粉，注入清水，拌匀，制成面糊。

 2.取一盘，放入苹果块，撒上剩余的高筋面粉，混合均匀；将苹果块倒入面糊中拌均匀。

 3.热锅注油，放入苹果块炸约3分钟至金黄色，捞出炸好的苹果块，沥干油，装盘待用。

 4.锅底留油，加入白糖，边搅拌边煮至白糖溶化，倒入苹果块，炒匀，盛出装盘，撒上熟白芝麻即可。

小贴士　苹果含有糖类、胡萝卜素、B族维生素、锌、铁、磷等营养成分，具有健脑益智、增强免疫力、延缓衰老等功效。

柠檬蒸乌头鱼

材料	乌头鱼400克，香菜15克，柠檬30克，红椒25克	调料	鱼露25毫升

相宜	柠檬+马蹄　生津解渴 柠檬+鸡肉　促进食欲	相克	柠檬+牛奶　影响蛋白质的吸收 柠檬+山楂　影响肠胃消化功能

 1.洗好的红椒切圈；洗净的香菜切末；洗好的柠檬切片；处理干净的乌头鱼斩去鱼鳍，从背部切开。

 2.在碗中倒入鱼露，放入柠檬片、红椒，调成味汁。

 3.取一个蒸盘，放入乌头鱼，撒上切好的少许香菜，放上余下的柠檬片，摆好红椒圈，待用。

 4.蒸锅上火烧开，放入蒸盘，用中火蒸约15分钟至熟，取出蒸好的乌头鱼，撒上余下的香菜即可。

小贴士	柠檬含有维生素B$_1$、维生素B$_2$、维生素C、烟酸、钙、磷、铁等营养成分，具有增强免疫力、生津止渴、化痰止咳等功效。

牛肉苹果丝

材料	牛肉丝150克，苹果150克，生姜15克	调料	盐3克，鸡粉2克，料酒5毫升，生抽4毫升，水淀粉3毫升，食用油适量

相宜	苹果+洋葱　保护心脏 苹果+芦荟　消食顺气	相克	苹果+胡萝卜　破坏维生素C

 1.洗净的生姜切薄片，再切成丝；洗好的苹果切成厚片，去核，切成条。

 2.将牛肉丝装入盘中，加1克盐、2毫升料酒、水淀粉、食用油，腌渍半小时至其入味。

 3.热锅注油，倒入姜丝、牛肉，翻炒至变色。

 4.淋入3毫升料酒、生抽，放入2克盐、鸡粉，倒入苹果丝，快速翻炒均匀即可。

小贴士　苹果含有葡萄糖、蔗糖、胡萝卜素和多种维生素、矿物质，具有增强记忆力、美容养颜、养心润肺等功效。

猕猴桃蛋饼

材料	猕猴桃50克，鸡蛋1个，牛奶50毫升	调料	白糖7克，生粉15克，水淀粉、食用油各适量

相宜	猕猴桃+蜂蜜　清热生津、润燥止渴 猕猴桃+生姜　清热和胃	相克	猕猴桃+动物肝脏　破坏维生素C 猕猴桃+胡萝卜　破坏维生素C

1.将去皮洗净的猕猴桃切成片；把牛奶倒入容器中，放入猕猴桃拌匀，制成水果汁。

2.鸡蛋打入碗中拌匀，加入白糖，倒入水淀粉，搅拌至白糖溶化，撒上生粉拌匀，制成鸡蛋糊。

3.煎锅中注油烧热，倒入鸡蛋糊，摊开，压平，制成圆饼的形状，再用小火煎至两面熟透。

4.盛出鸡蛋饼，放置在案板上，待微微冷却后倒入水果汁，卷起鸡蛋饼呈圆筒形，切成小段，摆放在盘中即成。

小贴士	猕猴桃中维生素含量极高，可强化免疫系统，促进伤口愈合和对铁质的吸收。同时，猕猴桃还富含肌醇及氨基酸，对补充幼儿脑力所消耗的营养很有帮助。

甘蔗木瓜炖银耳

材料	水发银耳150克，无花果40克，水发莲子80克，甘蔗200克，木瓜200克	调料	红糖60克

相宜	木瓜+莲子　促进新陈代谢 木瓜+椰子　能有效缓解疲劳	相克	木瓜+南瓜　降低营养价值 木瓜+胡萝卜　破坏木瓜中的维生素C

 1.洗净的银耳切去黄色的根部，再切成小块；洗好去皮的甘蔗敲破，切成段。

 2.洗净的木瓜去皮，切块，改切成丁；锅中注入适量清水烧开，放入洗净的莲子、无花果。

 3.加入甘蔗、银耳，烧开后用小火炖20分钟，至食材熟软。

 4.放入木瓜，搅拌匀，用小火再炖10分钟，至食材熟透，放入红糖，拌匀，煮至溶化即可。

小贴士　木瓜含有丰富木瓜酶及胡萝卜素、蛋白质、钙盐、蛋白酶等营养成分，其中丰富的木瓜酶能加速体内多余脂肪和胆固醇的分解与代谢，预防小儿肥胖。

白菜拌虾干

材料	白菜梗140克，虾米65克，蒜末、葱花各少许	调料	盐、鸡粉各2克，生抽4毫升，陈醋5毫升，芝麻油、食用油各适量

相宜	虾米+燕麦　有利牛磺酸的合成 虾米+葱　　益气、下乳	相克	虾米+西瓜　降低免疫力 虾米+苦瓜　影响营养吸收

1.将洗净的白菜梗切细丝。

2.热锅注油，烧至四五成热，放入虾米，拌匀，炸至食材熟透，捞出材料，沥干油，待用。

3.取一大碗，倒入白菜梗，加盐、鸡粉，淋上生抽、食用油，注入芝麻油、陈醋，撒上蒜末、葱花。

4.匀速搅拌一会儿，放入炸好的虾米，搅拌匀，至食材入味，取一盘子，盛入拌好的菜肴，摆好盘即可。

小贴士　白菜梗含有粗纤维、糖类、胡萝卜素、维生素B2、烟酸、钙、磷、铁等营养元素，具有促进新陈代谢、养胃生津、除烦解渴、清热解毒等功效。

百合玉竹苹果汤

材料	干百合10克，玉竹12克，陈皮7克，红枣8克，苹果150克，姜丝少许	调料	白糖适量

相宜	苹果+洋葱　保护心脏 苹果+芦荟　消食顺气	相克	苹果+胡萝卜　破坏维生素C

1.洗净的苹果切开去核，切成片。

2.锅中注入适量的清水，用大火烧开，倒入备好的干百合、玉竹、陈皮、红枣、姜丝，搅拌匀。

3.盖上锅盖，烧开后转小火煮20分钟至析出药性，掀开锅盖，放入苹果，搅拌匀，煮1分钟。

4.放入白糖，拌匀，煮至入味，关火后将煮好的汤盛出装入碗中即可。

小贴士　苹果含有果胶、维生素、糖类、胡萝卜素、矿物质等成分，具有降低胆固醇、开胃消食、排毒瘦身等功效。

笋丁焖蛋

材料	竹笋丁200克，肉末100克，蛋液200克，红椒块、葱花各少许	调料	料酒5毫升，盐2克，鸡粉2克，食用油适量

相宜	竹笋+猪肉　辅助治疗肥胖症 竹笋+枸杞　治疗咽喉疼痛	相克	竹笋+羊肝　对身体不利 竹笋+豆腐　易形成结石

1.热锅注油，倒入备好的肉末，炒至变色。

2.倒入竹笋丁，加入料酒、盐、鸡粉，注入适量清水，用大火煮至食材入味。

3.将备好的蛋液倒入锅中，再煮5分钟。

4.倒入红椒、葱花，搅拌匀，略炒一会儿即可。

小贴士　　竹笋含有糖类、胡萝卜素、膳食纤维、铁、磷、镁等营养成分，具有开胃健脾、清热解毒、增强免疫力等功效。

雪里蕻炖豆腐

材料	雪里蕻220克，豆腐150克，肉末65克，姜末、葱花各少许	调料	盐少许，生抽2毫升，老抽1毫升，料酒2毫升，水淀粉、食用油各适量

相宜	雪里蕻+猪肝　有助于钙的吸收 雪里蕻+猪肉　补虚强身	相克	雪里蕻+醋　降低营养价值

1.将洗净的雪里蕻切碎末；豆腐切方块。

2.锅中注水烧开，加盐，倒入豆腐块，煮1分30秒，捞出，沥干水分。

3.用油起锅，倒入肉末，炒至松散、变色；淋入生抽，炒香；撒上姜末，炒匀；淋入料酒，炒匀。

4.倒入雪里蕻，炒至变软；加清水，倒入豆腐块，炒匀，转中火略煮；加老抽、盐，炒匀调味，续煮至入味；淋入水淀粉勾芡；盛出装碗，撒上葱花即可。

小贴士	雪里蕻含有抗坏血酸以及钙、磷、铁等矿物质元素，有解毒消肿、开胃消食、温中利气、明目利膈、提神醒脑等功效。

粉蒸藕盒

材料	莲藕250克，肉馅300克，蒸肉米粉15克，葱花、姜末、蒜末各少许	调料	盐2克，鸡粉2克，料酒5毫升，生粉10克，胡椒粉适量

相宜	莲藕+猪肉　滋阴血、健脾胃 莲藕+鳝鱼　强肾壮阳	相克	莲藕+菊花　腹泻 莲藕+人参　药性相反

 1.洗净去皮的莲藕切成片；肉馅装碗放入盐、鸡粉、料酒、生粉、蒜末、姜末、葱花。

 2.注入清水，加入胡椒粉，搅拌匀至起浆；取一片藕片，放入适量肉馅铺平。

 3.再放上一片藕片，上下两片藕片将肉馅夹紧，制成藕盒，平放入盘中，均匀的洒上蒸肉米粉。

 4.蒸锅注水烧开，放入藕盒盘，大火蒸30分至熟，取出藕盒，摆入装饰好的盘中，撒上葱花即可。

小贴士	藕含有淀粉、蛋白质、B族维生素、维生素C、脂肪等成分，具有健脾养胃、强壮筋骨、滋阴养血等功效。

277

西红柿炒洋葱

材料	西红柿100克，洋葱40克，蒜末、葱段各少许	调料	盐2克，鸡粉、水淀粉、食用油各适量

相宜	洋葱+苦瓜　增强免疫力 洋葱+大蒜　防癌抗癌、消炎杀菌	相克	洋葱+蜂蜜　对眼睛不利 洋葱+黄豆　影响钙的吸收

1.将洗净的西红柿对半切开，再切成小块；去皮洗净的洋葱切成条，改切成小片。

2.用油起锅，倒入蒜末，爆香，放入洋葱片，快速炒出香味。

3.倒入西红柿，翻炒至其析出水分，加入盐炒匀，再放入适量鸡粉，翻炒片刻，至食材断生。

4.倒入少许水淀粉，快速翻炒一会儿，至食材熟软、入味，盛出炒好的食材，装入盘中，撒上葱段即成。

小贴士　西红柿含有番茄红素、胡萝卜素、维生素C、B族维生素以及钙、镁、磷等矿物质，有健胃消食、生津止渴、清热解毒的作用，非常适合儿童食用。

红烧牛肚

材料 牛肚270克，蒜苗120克，彩椒40克，姜片、蒜末、葱段各少许

调料 盐、鸡粉各2克，蚝油7克，豆瓣酱10克，生抽、料酒各5毫升，老抽6毫升，水淀粉、食用油各适量

相宜
牛肚+鸡蛋　延缓衰老
牛肚+南瓜　排毒止痛

相克
牛肚+赤小豆　影响营养吸收

1.洗净的蒜苗切成段；洗好的彩椒切菱形块；处理干净的牛肚切薄片，入沸水锅，余去异味，捞出。

2.油爆姜片、蒜末、葱段，倒入牛肚炒匀，加入料酒，炒匀提味，放入彩椒、蒜苗梗，炒匀。

3.加入生抽、豆瓣酱，炒香炒透，注入清水，放盐、鸡粉、蚝油、老抽，炒匀调味，用小火略煮至食材入味。

4.放入蒜苗叶，炒至变软，倒入适量水淀粉，翻炒均匀，至食材熟透即可。

小贴士 牛肚含有蛋白质、B族维生素、钙、磷、铁等营养成分，具有补益脾胃、补气养血、补虚益精、增强免疫力等功效。

肉末胡萝卜炒青豆

材料	肉末90克，青豆90克，胡萝卜100克，姜末、蒜末、葱末各少许	调料	盐3克，鸡粉少许，生抽4毫升，水淀粉、食用油各适量

相宜	青豆+香菇　增强免疫力 青豆+蘑菇　清热解毒	相克	青豆+蕨菜　降低营养价值 青豆+羊肝　容易破坏营养成分

 1.将洗净的胡萝卜切成粒；锅中注水烧开，加入1克盐，倒入胡萝卜粒、青豆。

 2.再淋入少许食用油，搅拌几下，煮至食材断生后捞出，沥干水分，放在盘中，待用。

 3.用油起锅，倒入肉末翻炒松散，倒入姜末、蒜末、葱末，炒香、炒透，再淋入生抽，拌炒片刻。

 4.倒入焯煮过的食材，用中火翻炒匀，调入2克盐、鸡粉，翻炒至全部食材熟透，淋入水淀粉炒匀即成。

小贴士　青豆含有蛋白质、纤维素、胡萝卜素、B族维生素、维生素C、维生素K、钙、磷、钾、铁等营养物质。幼儿食用青豆，有利于补充身体营养，对增强体质极为有益。

腐竹烩菠菜

材料	菠菜85克，虾米10克，腐竹50克，姜片、葱段各少许	调料	盐2克，鸡粉2克，生抽3毫升，食用油适量

相宜	菠菜+猪肝　提供丰富的营养 菠菜+胡萝卜　保持心血管的畅通	相克	菠菜+奶酪　引起结石 菠菜+鳝鱼　导致腹泻

 1.将洗净的菠菜切成段。

 2.热锅注油，烧至五成热，倒入腐竹，炸至金黄色，捞出，沥干油。

 3.锅底留油烧热，倒入姜片、葱段，爆香；放入虾米，炒匀；倒入腐竹，翻香；倒入清水，加盐、鸡粉，炒匀调味，大火煮至食材入味。

 4.淋入生抽，炒匀上色；盖上盖，中火煮2分钟；揭盖，放入菠菜，翻炒至熟软即可。

小贴士	菠菜含有胡萝卜素、维生素C、钙、磷、铁等营养成分，具有利五脏、通肠胃、滋阴平肝、助消化、降血压、降血糖等功效。

猪肉炖豆角

材料	五花肉200克，豆角120克，姜片、蒜末、葱段各少许	调料	盐2克，鸡粉2克，白糖4克，南乳5克，水淀粉、料酒、生抽、食粉、老抽各适量

相宜	豆角+大米 补肾健脾、除湿利尿 豆角+虾米 健胃补肾、理中益气	相克	豆角+牛奶 对健康不利

 1.洗净的豆角切成段；锅中注水烧开，加入食粉、豆角，煮至其七成熟，捞出。

 2.烧热炒锅，放入五花肉，炒出油，放入姜片、蒜末、南乳，炒匀，加料酒炒香。

 3.加入白糖、生抽、老抽、清水，搅匀，加鸡粉、盐，用小火焖至五花肉熟烂。

 4.放入豆角，用小火焖至全部食材熟透，用大火收汁，倒入水淀粉勾芡，放入葱段炒香即可。

小贴士

五花肉含有蛋白质、脂肪、维生素、钙等营养成分，具有补肾养血、滋阴润燥等功效；豆角所含B族维生素能使机体保持正常的消化腺分泌和胃肠道蠕动的功能。

芝麻拌芋头

| 材料 | 芋头300克，熟白芝麻25克 | 调料 | 白糖7克，老抽1毫升 |

| 相宜 | 芋头+鲫鱼　治疗脾胃虚弱
芋头+芹菜　补气虚、增食欲 | 相克 | 芋头+香蕉　引起腹胀 |

 1.洗净去皮的芋头切成小块，装入蒸盘中，待用。

 2.蒸锅上火烧开，放入蒸盘，用中火蒸约20分钟，至芋头熟软，取出，放凉。

 3.取一个大碗，倒入蒸好的芋头，加入白糖、老抽，拌匀，压成泥状。

 4.撒上白芝麻，搅拌匀，至白糖完全溶化，另取一碗，盛入拌好的材料即可。

小贴士　芋头含有蛋白质、胡萝卜素、B族维生素、维生素C、钙、磷、铁、钾、氟等营养成分，具有增强免疫力、促进消化、保护牙齿等功效。

芦笋炒莲藕

| 材料 | 芦笋100克，莲藕160克，胡萝卜45克，蒜末、葱段各少许 | 调料 | 盐3克，鸡粉2克，水淀粉3毫升，食用油适量 |

| 相宜 | 芦笋+百合　降压降脂
芦笋+白果　清热润肺 | 相克 | 芦笋+羊肉　易导致腹痛
芦笋+羊肝　降低营养价值 |

 1.将洗净的芦笋切成段；洗好去皮的莲藕切成丁；洗净的胡萝卜去皮，切成丁。

 2.锅中注水烧开，加盐，放入藕丁、胡萝卜，搅匀，煮至其八成熟，捞出，待用。

 3.用油起锅，放入蒜末、葱段，爆香，放入芦笋，倒入焯好的藕丁和胡萝卜丁，翻炒均匀。

 4.加入盐、鸡粉，炒匀调味，倒入水淀粉，拌炒均匀即可。

小贴士 芦笋含有膳食纤维、维生素、矿物质、微量元素和其特有的天门冬酰胺等营养物质，有生津止渴、健脾润肺的功效。

苹果红枣鲫鱼汤

材料	鲫鱼500克，去皮苹果200克，红枣20克，香菜叶少许	调料	盐3克，胡椒粉2克，水淀粉、料酒、食用油各适量

相宜	鲫鱼+黑木耳　润肤抗老 鲫鱼+花生　　利于营养吸收	相克	鲫鱼+葡萄　产生强烈刺激 鲫鱼+芥菜　引起水肿

 1.洗净的苹果去核，切成块；鲫鱼洗净，处理干净。

 2.往鲫鱼身上加1克盐，涂抹均匀，淋入料酒，腌渍10分钟入味。

 3.用油起锅，放入鲫鱼，煎约2分钟至金黄色，注入清水，倒入红枣、苹果，大火煮开。

 4.加入2克盐，中火续煮入味，加入胡椒粉，倒入水淀粉，拌匀，将煮好的汤装入碗中，放上香菜叶即可。

小贴士

鲫鱼含有蛋白质、B族维生素、维生素A及钙、磷、铁等矿物质成分，具有益气补血、清热解毒、利水消肿等功效。

葱油鲫鱼

材料	鲫鱼300克，葱条20克，红椒8克，姜片、蒜末各少许	调料	盐3克，鸡粉2克，生抽10毫升，生粉10克，老抽3毫升，水淀粉、食用油各适量

相宜	鲫鱼+黑木耳	润肤抗老	相克	鲫鱼+葡萄	产生强烈刺激
	鲫鱼+花生	利于营养吸收		鲫鱼+芥菜	引起水肿

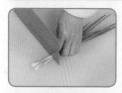

1.洗好的葱条取梗，切段；取少许葱叶，切成葱花；洗净的红椒去籽，切细丝。

2.处理好的鲫鱼加5毫升生抽、1克盐，抹匀，放入生粉，抹匀后腌渍约10分钟，入油锅炸至金黄色，捞出。

3.锅底留油烧热，倒入葱梗、葱叶，炒至变软，盛出葱叶，倒入姜片、蒜末，爆香，注入清水。

4.加5毫升生抽、老抽、2克盐、鸡粉，炒匀，放入鲫鱼煮入味，盛出鲫鱼装盘；将锅中余下的汤汁用水淀粉勾芡，浇在鱼身上，点缀上红椒丝，撒上葱花即可。

小贴士	鲫鱼含有蛋白质、不饱和脂肪酸、钙、磷、铁等营养成分，具有健脾利湿、活血通络、和中开胃、增强免疫力等功效。

草莓樱桃苹果煎饼

材料 草莓80克，樱桃60克，苹果90克，鸡蛋1个，玉米粉、面粉各60克

调料 橄榄油5毫升

相宜
草莓+牛奶　有利于吸收维生素B_{12}
草莓+红糖　利咽润肺

相克
草莓+牛肝　破坏维生素C
草莓+黄瓜　破坏维生素C

1.将洗净的草莓切成小块；把樱桃切碎；洗净的苹果切成小块；鸡蛋打开，取蛋清装入碗中。

2.将面粉倒入碗中，加入玉米粉，倒入蛋清，搅匀，加入清水，继续搅拌，放入切好的水果，拌匀。

3.煎锅中注入橄榄油烧热，倒入拌好的水果面糊，摊成饼状，用小火煎至成形，散出焦香味。

4.翻面，煎至焦黄色，把煎好的饼取出，用刀切成小块，把切好的煎饼装入盘中即可。

小贴士
　　草莓中含有丰富的维生素和矿物质，能为儿童提供多种营养，还有健胃消食、增强免疫力的功效，适合儿童食用。

菠萝炒鱼片

材料	菠萝肉75克，草鱼肉150克，红椒25克，姜片、蒜末、葱段各少许	**调料**	豆瓣酱7克，盐、鸡粉各少许，料酒4毫升，水淀粉、食用油各适量

相宜	菠萝+茅根　预防肾炎 菠萝+鸡肉　补虚填精、温中益气	**相克**	菠萝+牛奶　影响消化吸收 菠萝+鸡蛋　影响消化吸收

 1.菠萝肉去除硬芯，再切片；红椒切小块；草鱼肉切片，装碗，加盐、鸡粉、水淀粉、食用油，腌渍10分钟至入味。

 2.热锅注油，烧至五成热，放入鱼片，滑油至断生，捞出，沥干油。

 3.用油起锅，放入姜片、蒜末、葱段，用大火爆香；倒入红椒块、菠萝肉，快速炒匀。

 4.倒入鱼片，加盐、鸡粉、豆瓣酱、料酒、水淀粉，中火翻炒至食材入味即可。

小贴士	菠萝含有维生素、磷、柠檬酸等成分，具有解暑止渴、消食止泻的作用。此外，菠萝还含有菠萝酶，能分解蛋白质，帮助消化，有助于排出体内多余的脂肪。

288

葡萄干苹果粥

材料	去皮苹果200克，水发大米400克，葡萄干30克	调料	冰糖20克

相宜	大米+芦笋　促进生长 大米+小米　补脾胃	相克	大米+牛奶　破坏维生素A 大米+蜂蜜　引起胃痛

 1.将洗净的苹果去核，再切成丁。

 2.砂锅中注入适量清水烧开，倒入大米，拌匀，大火煮20分钟至熟。

 3.放入葡萄干、苹果，拌匀，续煮2分钟至食材熟透。

 4.加入冰糖，搅拌至冰糖融化，将煮好的粥盛出，装入碗中即可。

小贴士	苹果含有糖类、维生素C、B族维生素、锌、铁、磷等营养成分，具有健脑益智、增强免疫力、延缓衰老等功效。

葡萄苹果沙拉

材料	葡萄80克，去皮苹果150克，圣女果40克，酸奶50克

相宜	苹果+洋葱 保护心脏 苹果+芦荟 消食顺气	相克	苹果+胡萝卜 破坏维生素C

1.洗净的圣女果对半切开。

2.洗好的葡萄摘取下来。

3.苹果切开去籽，切成丁。

4.取一盘，摆放上圣女果、葡萄、苹果，浇上酸奶即可。

小贴士	葡萄含有糖类、维生素C、B族维生素、钙、镁、铁等营养成分，具有补血气、暖肾、改善贫血、缓解疲劳等功效。

葱椒莴笋

材料	莴笋200克，红椒30克，葱段、花椒、蒜末各少许

调料	盐4克，鸡粉2克，豆瓣酱10克，水淀粉8毫升，食用油适量

相宜	莴笋+香菇　利尿通便 莴笋+猪肉　补脾益气

相克	莴笋+蜂蜜　引起腹泻 莴笋+乳酪　引起消化不良

 1.去皮的莴笋用斜刀切成段，再切成片；红椒切小块。

 2.锅中注水烧开，倒入食用油、2克盐，放入莴笋片，煮至八成熟，捞出，沥干水分。

 3.用油起锅，放入红椒、葱段、蒜末、花椒，爆香。

 4.倒入焯过水的莴笋，翻炒匀；加豆瓣酱、2克盐、鸡粉，炒匀调味；淋入水淀粉勾芡即可。

小贴士	莴笋含有维生素C、膳食纤维、钙、磷、铁、胡萝卜素等多种营养素，具有利五脏、通经脉、清胃热等功效。

带鱼烧白萝卜丝

材料	白萝卜300克，带鱼段300克，姜片、葱段、蒜末各少许	调料	料酒5毫升，生抽5毫升，盐2克，鸡粉2克，蚝油5克，食用油适量

相宜	白萝卜+豆腐　促吸收 白萝卜+羊肉　降低血脂	相克	白萝卜+猪肝　降低营养价值 白萝卜+黑木耳　降低营养价值

1.将洗净去皮的白萝卜切片，再改切丝。

2.锅中注油，烧至六成热，放入带鱼段，炸至金黄色，捞出带鱼段。

3.锅底留油，放入姜片、蒜末、葱段爆香；倒入带鱼，淋入料酒、生抽，注入清水，加盐、蚝油调味。

4.倒入白萝卜丝，翻炒片刻，盖上盖，小火焖20分钟，加鸡粉，翻炒均匀，放入葱段，炒出葱香味即可。

小贴士	白萝卜含有糖类、膳食纤维、B族维生素、维生素C、钾等营养成分，具有润肠通便、清热生津、增进食欲等功效。

西红柿炒包菜

<table>
<tr><td>材料</td><td>西红柿120克，包菜200克，圆椒60克，蒜末、葱段各少许</td><td>调料</td><td>番茄酱10克，盐4克，鸡粉2克，白糖2克，水淀粉4毫升，食用油适量</td></tr>
</table>

相宜		相克	
西红柿+芹菜	降血压、健胃消食	西红柿+红薯	易引起呕吐、腹痛
西红柿+蜂蜜	补血养颜	西红柿+猕猴桃	降低营养价值

1.圆椒切小块；西红柿切瓣；包菜切小块。

2.锅中注水烧开，加少许食用油、2克盐，放入包菜，煮至断生，捞出。

3.用油起锅，倒入蒜末、葱段，爆香；放入西红柿、圆椒，翻炒匀；加入包菜，翻炒片刻。

4.加番茄酱、2克盐、鸡粉、白糖，炒匀调味；淋入水淀粉勾芡即可。

小贴士　包菜含有丰富的维生素C和可溶性膳食纤维，具有止血、降压、利尿、健谓消食、生津止渴、清热解毒、凉血平肝的功效，还能美容润肤。

西红柿鸡蛋橄榄沙拉

材料	西红柿100克，罗勒叶、洋葱各少许，熟鸡蛋1个，去核黑橄榄20克	调料	盐、黑胡椒各1克，橄榄油少许

相宜	西红柿+蜂蜜　补血养颜 西红柿+芹菜　降压、健胃消食	相克	西红柿+红薯　引起腹痛、腹泻 西红柿+猕猴桃　降低营养价值

1.洗好的西红柿切片，摆盘待用。

2.洗净的洋葱拆成圈；去核的黑橄榄切成小圈。

3.熟鸡蛋切粗片；在西红柿上依次放入切好的洋葱、鸡蛋、黑橄榄。

4.撒上盐，淋入橄榄油，撒入黑胡椒，放上罗勒叶点缀即可。

小贴士　西红柿含有番茄红素、糖类、维生素C、有机酸及多种矿物质，具有健胃消食、美容护肤、降血压等功效。

豉汁蒸马头鱼

材料	马头鱼500克，姜丝、葱丝、红椒丝、香葱条、姜片各少许	调料	蒸鱼豉油10毫升，食用油适量

相宜	红椒+鳝鱼　可开胃爽口 红椒+苦瓜　美容养颜	相克	红椒+黄瓜　破坏维生素

1.将香葱条摆在盘子中，放上处理好的马头鱼，再放上姜片，备用。

2.蒸锅上火烧开，放入马头鱼，蒸15分钟至其熟透。

3.取出蒸好的鱼，拣去姜片和香葱，摆上葱丝、姜丝、红椒丝。

4.倒入蒸鱼豉油，锅中倒入少许食用油，用大火烧热，将热油浇在鱼身上即可。

小贴士　　马头鱼含有蛋白质、磷、碘、钙等营养成分，具有增强免疫力、增进食欲、美容养颜等功效。

酱烧藕盒

材料	肉末200克，小麦面粉150克，泡打粉10克，酵母粉3克，莲藕250克，葱花10克，蒜末10克，姜末10克	调料	黄豆酱、老抽、鸡粉、白糖、水淀粉、生抽、胡椒粉、十三香、盐、食用油各适量

相宜	莲藕+猪肉　滋阴血、健脾胃 莲藕+鳝鱼　强肾壮阳	相克	莲藕+菊花　腹泻 莲藕+人参　药性相反

1.洗净去皮的莲藕切厚片，再切一道口子；肉末中加葱花、姜末、蒜末、生抽、盐、鸡粉、胡椒粉、十三香。

2.注入少许清水，搅匀，制成馅料；将酵母粉、泡打粉加入面粉中，注入清水，调制成面糊。

3.将肉末放入藕片中，夹紧；热锅注油烧热，将藕片裹上面糊，放入油锅中，炸至微黄色，捞出，沥干油份。

4.锅底留油烧热，倒入黄豆酱，炒香，注入清水，加老抽、鸡粉、白糖、水淀粉均匀，浇在炸好的藕盒上即可。

小贴士	藕含有淀粉、膳食纤维、B族维生素、维生素C、钾、钙等成分，具有健脾利湿、利尿通便、强筋健骨、滋阴养血等功效。

珍珠莴笋炒白玉菇

材料	水发珍珠木耳160克，去皮莴笋95克，白玉菇110克，蒜末少许	调料	盐、鸡粉各2克，料酒5毫升，水淀粉、食用油各适量

相宜	莴笋+蒜苗　预防高血压 莴笋+白玉菇　利尿通便	相克	莴笋+蜂蜜　引起腹泻

 1.莴笋切成菱形片；白玉菇切成段。

 2.锅中注水烧开，倒入珍珠木耳、白玉菇、莴笋，焯煮片刻，捞出。

 4.用油起锅，放入蒜末，爆香。

 4.倒入珍珠木耳、白玉菇、莴笋，淋入料酒，翻炒至熟；加盐、鸡粉、水淀粉，炒至食材入味即可。

小贴士　　莴笋含有叶酸、膳食纤维、维生素C、维生素E、钙、铁、锌等营养成分，具有开胃消食、利尿消肿、促进新陈代谢等功效。

酸脆鸡柳

材料	鸡腿肉200克，柠檬20克，橙汁50毫升，柠檬皮10克，蛋黄20克，脆炸粉25克	调料	盐3克，生粉5克，食用油适量

相宜	鸡肉+枸杞　补五脏、益气血 鸡肉+人参　止渴生津	相克	鸡肉+芥菜　影响身体健康

 1.洗净的鸡腿肉切成大块；柠檬皮切成丝，再切成粒。

 2.将柠檬汁挤在鸡腿肉上，加入盐，放入柠檬皮，搅拌匀，腌渍半小时。

 3.在蛋黄中加入生粉拌匀，将鸡肉放入蛋黄中，再蘸上脆炸粉，入油锅炸至金黄色，捞出。

 4.热锅注油，倒入柠檬皮炒香，倒入鸡肉炒匀，倒入少许橙汁炒匀即可。

小贴士	柠檬含有B族维生素、维生素C、糖类、钙、磷、铁等营养成分，具有抗菌消炎、美容护肤、增强免疫力等功效。

酸菜炖猪肚

材料	猪肚200克，酸菜150克，水发腐竹100克，姜片少许	调料	盐2克，鸡粉2克，料酒适量

相宜	猪肚+黄豆芽　增强免疫力 猪肚+莲子　　补脾健胃	相克	猪肚+芦荟　易引起腹泻

 1.洗净的腐竹切段；洗好的酸菜切段；处理好的猪肚切开，再切成片。

 2.锅中注水烧热，放入切好的猪肚，淋入料酒，氽去血水，捞出，沥干水分，待用。

 3.砂锅中注水烧开，倒入猪肚，撒上姜片，放入酸菜，淋入少许料酒，烧开后用小火炖煮至食材熟软。

 4.倒入腐竹，搅拌匀，用中火煮约10分钟，加入少许鸡粉、盐，拌匀调味即可。

小贴士　　猪肚含有蛋白质、脂肪、维生素及钙、磷、铁等营养成分，具有补虚损、健脾胃等功效。

酸萝卜炒鸭心

材料	鸭心180克，酸萝卜200克，彩椒20克，葱段少许	调料	盐、鸡粉、白糖各2克，料酒、水淀粉各少许，食用油适量

相宜	白萝卜+紫菜 清肺热、治咳嗽 白萝卜+豆腐 促吸收	相克	白萝卜+人参 降低营养价值 白萝卜+黄瓜 破坏维生素C

 1.洗好的酸萝卜切条形；洗净的彩椒切条形；洗好的鸭心去除油脂，再切成片。

 2.鸭心加盐、料酒、水淀粉，拌匀，腌渍10分钟，至其入味。

 3.锅中注水烧开，倒入酸萝卜，煮去酸味，放入彩椒，加入食用油，搅拌匀，捞出，沥干水分。

 4.用油起锅，倒入鸭心炒匀，淋入料酒，放入葱段，炒香，倒入焯过水的材料，炒匀，加入白糖、鸡粉调味即可。

小贴士	白萝卜含有膳食纤维、糖类、B族维生素、铁、钙、磷等营养成分，具有下气消食、润肺、解毒、生津、利尿通便等功效。

酸豆角炒猪皮

| **材料** | 猪皮200克，酸豆角270克，彩椒15克，草果、花椒、八角、桂皮、姜块、姜片各少许 | **调料** | 盐4克，鸡粉、胡椒粉各2克，生抽、料酒各6毫升，食用油适量 |

| **相宜** | 酸豆角+蒜　　防治高血压
酸豆角+香菇　益气补虚 | **相克** | 酸豆角+茶　影响消化、导致便秘 |

 1.洗净的彩椒切成丁；洗好的酸豆角切成小段；砂锅中注水烧热，倒入草果、花椒、八角、桂皮、姜块。

 2.放入猪皮，加少许盐、生抽、料酒拌匀，烧开后用小火煮约30分钟，捞出猪皮，放凉，切成块。

 3.锅中注水烧热，倒入酸豆角，焯去酸味，倒入彩椒，加入食用油，煮约半分钟，捞出，沥干水分。

 4.油爆姜片，放入猪皮，炒匀，淋入料酒，倒入焯过水的食材，炒匀，加盐、鸡粉、生抽、胡椒粉，炒匀调味即可。

 小贴士　酸豆角所含的B族维生素能维持正常的消化腺分泌和胃肠道蠕动，抑制胆碱酶活性，具有助消化、增进食欲等功效。

雪梨苹果山楂汤

材料	苹果100克，雪梨90克，山楂80克	调料	冰糖40克

相宜	苹果+银耳　润肺止咳 苹果+茶叶　保护心脏	相克	苹果+白萝卜　影响营养吸收

 1.将洗净的雪梨去核，切小瓣，再把果肉切成块。

 2.洗好的苹果切瓣，去核，把果肉切成块；洗净的山楂去除头尾，对半切开，去核，再切成小块。

 3.砂锅中注水烧开，倒入切好的食材，搅拌匀，用大火煮沸，再盖上盖，转小火煮约3分钟，至食材熟软。

 4.揭盖，倒入备好的冰糖，搅拌匀，用中火续煮一会儿，至糖分溶化，盛出煮好的山楂汤，装入汤碗中即成。

小贴士　　苹果含有糖类、磷、铁、钾、苹果酸、柠檬酸、鞣酸、果胶、纤维素、B族维生素、维生素C等营养成分，有改善血液循环系统、稳定血压的作用。

鹰嘴豆炖猪肚

材料	鹰嘴豆160克，猪肚220克，青椒55克，姜片少许，高汤200毫升	调料	盐、鸡粉各2克，胡椒粉少许，料酒7毫升

相宜	猪肚+黄豆芽　增强免疫力 猪肚+莲子　　补脾健胃	相克	猪肚+芦荟　引起腹泻 猪肚+豆腐　不利营养物质的吸收

 1.将洗净的青椒切开，去籽，再切菱形片；洗好的猪肚切开，再切块。

 2.锅中注水烧开，淋入4毫升料酒，放入切好的猪肚，拌匀，煮约2分钟，捞出猪肚，沥干水分。

 3.汤锅置火上，注入高汤，倒入洗好的鹰嘴豆，撒上姜片，放入猪肚，倒入清水，淋入2毫升料酒，拌匀，用大火略煮。

 4.转小火焖煮至猪肚熟软，放入青椒片煮约3分钟，加入盐、鸡粉、胡椒粉，拌匀调味即成。

小贴士　猪肚含有蛋白质、维生素A、维生素E、钙、钾、镁、铁等营养成分，具有补益脾胃、通血脉、益中气等功效。

西芹湖南椒炒牛肚

材料	熟牛肚200克，湖南椒80克，西芹110克，朝天椒30克，姜片、蒜末、葱段各少许	调料	盐、鸡粉各2克，料酒、生抽、芝麻油各5毫升，食用油适量

相宜	牛肚+鸡蛋　延缓衰老 牛肚+南瓜　排毒止痛	相克	牛肚+赤小豆　影响营养吸收

 1.洗净的湖南椒切小块；洗好的西芹切小段；洗净的朝天椒切圈；熟牛肚切粗条。

 2.油爆朝天椒、姜片，放入牛肚，炒匀，倒入蒜末、湖南椒、西芹段，炒匀。

 3.加入料酒、生抽，注入适量清水，加入盐、鸡粉，炒匀。

 4.加入芝麻油，炒匀，放入葱段，翻炒约2分钟至入味即可。

小贴士	牛肚含有胆固醇、钾、磷、钙、钠、维生素A、B族维生素、维生素E及烟酸等营养成分，具有健脾止泻、益气补血、补虚益精等功效。

木耳枸杞蒸蛋

材料	鸡蛋2个，木耳1朵，水发枸杞少许	调料	盐2克

相宜	鸡蛋+西红柿　滋阴润燥、养血抗衰 鸡蛋+丝瓜　　清暑凉血、润肤美容	相克	鸡蛋+味精　影响口感

1.洗净的木耳切粗条，改切成块。

2.取一碗，打入鸡蛋，加入盐，搅散。

3.倒入适量温水，加入木耳，拌匀，蒸锅注入适量清水烧开，放上碗。

4.加盖，中火蒸10分钟至熟，揭盖，关火后取出蒸好的鸡蛋，放上枸杞即可。

小贴士　　鸡蛋含有蛋白质、卵磷脂、B族维生素、维生素A、钙、铁、磷等营养成分，具有健脑益智、延缓衰老、保护肝脏等功效。

菊花鱼片

材料	草鱼肉500克，莴笋200克，高汤200毫升，姜片、葱段、菊花各少许	调料	盐4克，鸡粉3克，水淀粉4毫升，食用油适量

相宜	草鱼+豆腐 增强免疫力 草鱼+冬瓜 祛风、清热、平肝	相克	草鱼+西红柿 影响营养吸收

 1.洗净去皮的莴笋切成段，再切成薄片。

 2.处理干净的草鱼肉切成双飞鱼片，加2克盐、水淀粉，拌匀腌渍片刻。

 3.油爆姜片、葱段，倒入少许清水，倒入高汤，大火煮开，倒入莴笋片，搅匀煮至断生。

 4.加入2克盐、鸡粉，倒入鱼片、菊花，搅拌片刻，稍煮一会儿使鱼肉熟透即可。

小贴士	草鱼含有蛋白质、维生素A、B族维生素、不饱和脂肪、锌、硒等成分，具有促进食欲、滋补身体、增强免疫力等功效。

三文鱼泥

材料	三文鱼肉120克	调料	盐少许

相宜	三文鱼+芥末　除腥、补充营养 三文鱼+柠檬　利于营养吸收	相克	三文鱼+维生素C片　不利于健康

 1.蒸锅上火烧开，放入处理好的三文鱼肉。

 2.盖上锅盖，用中火蒸约15分钟至熟。

 3.揭开锅盖，取出三文鱼，放凉待用，取一个干净的大碗，放入三文鱼肉，压成泥状。

 4.加入少许盐，搅拌均匀至其入味，另取一个干净的小碗，盛入拌好的三文鱼即可。

小贴士　　三文鱼含有蛋白质、不饱和脂肪酸、维生素D等营养成分，能促进机体对钙的吸收利用，有助于幼儿生长发育。

三文鱼蔬菜汤

材料	三文鱼70克，西红柿85克，口蘑35克，芦笋90克	调料	盐2克，鸡粉2克，胡椒粉适量

相宜	西红柿+芹菜　降血压、健胃消食 西红柿+蜂蜜　补血养颜	相克	西红柿+红薯　　易引起呕吐、腹痛 西红柿+猕猴桃　降低营养价值

1.洗净的芦笋切成小段；洗好的口蘑切成薄片；洗净的西红柿切成小瓣，去除表皮。

2.处理好的三文鱼切成条形，改切成丁；锅中注入清水烧开，倒入切好的三文鱼，搅拌均匀。

3.煮至变色，放入切好的芦笋、口蘑、西红柿，搅拌匀，烧开后用大火煮约10分钟至熟。

4.加入盐、鸡粉、胡椒粉，搅匀调味，盛出煮好的鱼汤，装入碗中即可。

小贴士　西红柿含有胡萝卜素、维生素B_1、维生素B_2、维生素C、钙、磷、钾、镁、铁等营养成分，具有开胃消食、清热解毒、降血压、延缓衰老等功效。

南瓜苹果沙拉

材料	南瓜200克，苹果100克，蛋黄酱15克	调料	盐1克

相宜	南瓜+牛肉	补脾健胃、解毒止痛	相克	南瓜+带鱼	不利营养物质的吸收
	南瓜+莲子	降低血压		南瓜+螃蟹	可能导致腹痛、腹泻

1.洗净去皮的南瓜切成粗条，再切成小块；洗好的苹果去皮，去核，再切成小块。

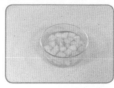
2.取一个碗，倒入适量清水，加入盐，放入苹果，备用。

3.蒸锅中注入适量清水烧开，放入南瓜，盖上盖，用大火蒸20分钟至熟。

4.揭盖，取出蒸好的南瓜，用刀将南瓜压成泥，放入碗中，放入苹果、蛋黄酱，拌匀即可。

小贴士	南瓜含有膳食纤维、葡萄糖、糖类及多种维生素、矿物质，具有开胃消食、降血糖、促进成长发育等功效。

带鱼南瓜汤

材料	带鱼270克，南瓜170克，青椒丝、红椒丝、葱丝、蒜末各少许	调料	盐、鸡粉各2克，料酒6毫升，生抽4毫升

相宜	带鱼+苦瓜　保护肝脏 带鱼+木瓜　补气养血	相克	带鱼+菠菜　不利营养的吸收

 1.洗净去皮的南瓜切开，改切成小段；处理好的带鱼肉斩去鱼鳍，切成小段，备用。

 2.砂锅中注入适量清水烧开，放入带鱼，淋入料酒，烧开后用小火煮约15分钟。

 3.倒入蒜末、南瓜，用小火续煮约15分钟至熟。

 4.加入盐、鸡粉、生抽，拌匀，放入青椒丝、红椒丝，拌匀，撒上葱丝，拌匀，用大火略煮一会儿即可。

小贴士　南瓜含有膳食纤维、胡萝卜素、叶黄素、维生素C、钙、磷、锌等营养成分，具有增强免疫力、健脾、护肝、美白等功效。

枸杞炒猪肝

材料	猪肝200克，西芹100克，枸杞10克，姜片、蒜末、葱段各少许	调料	料酒8毫升，盐3克，鸡粉2克，生粉4克，生抽5毫升，食用油适量

相宜	猪肝+雪里蕻　有利钙的吸收 猪肝+松子　　促进营养物质的吸收	相克	猪肝+山楂　破坏维生素C 猪肝+荞麦　影响消化

 1.择洗好的西芹切段；处理好的猪肝切成片，加盐、鸡粉、生粉、料酒、食用油，腌渍10分钟。

 2.锅中注火烧开，放入西芹，搅匀，煮约1分钟，将西芹捞出，沥干水分，待用。

 3.油爆姜片、蒜末、葱段，倒入猪肝，快速翻炒至转色，倒入备好的西芹，翻炒匀。

 4.加入枸杞炒匀，加入盐、鸡粉，淋入料酒、生抽，快速翻炒调味即可。

小贴士　　枸杞含有枸杞多糖、甜菜碱、枸杞色素、阿托品、天山子胺等成分，具有补虚益精、清热明目、滋补肝肾等功效。

枸杞拌蚕豆

材料	蚕豆400克，枸杞20克，香菜10克，蒜末10克	调料	盐1克，生抽、陈醋各5毫升，辣椒油适量

相宜	枸杞+羊肝　养肝明目 枸杞+鸡肉　补五脏、益气血	相克	枸杞+西瓜　导致腹泻

 1.锅内注水，加盐，倒入蚕豆、枸杞，加盖，大火煮开后转小火煮30分钟，捞出食材，装碗待用。

 2.另起锅，倒入辣椒油，放入蒜末，爆香。

 3.加入生抽、陈醋，炒匀，制成酱汁。

 4.关火后将酱汁倒入蚕豆和枸杞中，拌匀，装盘，撒上香菜即可。

小贴士	枸杞含有胡萝卜素、维生素、酸浆红素、铁、磷、镁、锌等营养成分，具有养心滋肾、补虚益精、清热明目等功效。

榛子枸杞桂花粥

材料 水发大米200克，榛子仁20克，枸杞7克，桂花5克

相宜		**相克**	
大米+红豆	有利营养的吸收	大米+牛奶	破坏维生素A
大米+乌鸡	养阴、祛热、补中	大米+蕨菜	影响维生素B$_1$吸收

1.砂锅中注入清水烧开，倒入洗净的大米，搅拌均匀，使米粒散开。

2.盖上盖，煮沸后用小火煮约40分钟至大米熟透。

3.揭盖，倒入备好的榛子仁、枸杞、桂花，拌匀，盖上盖，用小火续煮15分钟，至米粥浓稠。

4.揭盖，搅拌均匀，关火后将煮好的粥装入碗中即可。

小贴士 榛子含有不饱和脂肪酸、多种氨基酸和矿物质，具有促消化、增进食欲、提高记忆力、降血压等功效。

橙香果仁菠菜

材料	菠菜130克，橙子250克，松子仁20克，凉薯90克	调料	橄榄油5毫升，盐、白糖、食用油适量

相宜	菠萝+鸡肉　补虚填精、温中益气 菠萝+猪肉　促进蛋白质吸收	相克	菠萝+鸡蛋　影响消化吸收

 1.洗净去皮的凉薯切碎；择洗好的菠菜切碎；洗净的橙子切厚片，取一个盘子，摆上橙子。

 2.锅中注水大火烧开，倒入凉薯、菠菜，焯煮至断生，将食材捞出放入凉水中，再捞出沥干水分。

 3.热锅注油，倒入松子仁，炒出香味，将其盛出装入盘中，将放凉的食材装入碗中，倒入松子。

 4.加入盐、白糖、橄榄油，搅拌匀，将拌好的菜装入盘中，放上橙子片即可。

小贴士　橙子含有黄酮苷、生物碱、有机酸、维生素、矿物质等成分，具有开胃消食、增强免疫力、美容护肤等功效。

橙香蓝莓沙拉

材料 橙子60克，蓝莓50克，葡萄50克，酸奶50克，橘子50克

相宜 橙子+蜂蜜　可治胃气不和、呕逆少食
橙子+玉米　促进维生素的吸收

相克 橙子+动物肝脏　破坏维生素C

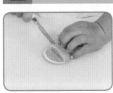 1.洗净的橙子切片；洗好的橘子对半切开。

 2.洗净的葡萄对半切开。

 3.取一碗，放入橘子、葡萄、蓝莓，拌匀。

 4.取一盘，摆放上切好的橙子片，倒入拌好的水果，浇上酸奶即可。

小贴士 　蓝莓含有糖类、维生素C、花青素、果胶、有机酸、钙、镁等营养成分，具有增强记忆力、保护眼睛、延缓衰老等功效。

玉米南瓜大麦粥

材料	水发大米200克，去皮南瓜100克，玉米粒100克，水发大麦60克	调料	食用油适量

相宜	玉米+山药　获得更多营养 玉米+鸡蛋　防止胆固醇过高	相克	玉米+田螺　不利于营养吸收

 1.将洗净的南瓜切块；洗好的部分玉米粒切碎。

 2.砂锅中注水烧开，倒入切碎的玉米粒，大火煮15分钟至熟。

 3.放入大麦、大米、剩下的玉米粒，拌匀，大火煮开转小火煮40分钟至熟。

 4.倒入南瓜，拌匀，续煮20分钟至食材熟软，加入少许油，拌匀即可。

小贴士　玉米含有膳食纤维、胡萝卜素、脂肪酸、烟酸、维生素E、镁、硒、钙等营养成分，具有健脾止泻、延缓衰老、利尿消肿等功效。

玉米腰果火腿丁

材料　鲜玉米粒120克，火腿80克，红椒20克，腰果15克，姜片、蒜末、葱段各少许

调料　盐、鸡粉各2克，料酒3毫升，水淀粉、食用油各适量

相宜
腰果+莲子　清心安神
腰果+茯苓　健脾除湿、安神

相克
腰果+鸡蛋　影响营养吸收

1.将洗净的火腿切成丁；洗好的红椒切成丁；锅中注水烧开，放入盐、玉米粒，煮断生，捞出沥干。

2.热锅注油，放入腰果，炸香脆，捞出沥干油，再放入火腿丁，炸至肉质脆嫩，捞出，沥干油。

3.油爆姜片、蒜末、葱段、红椒块，倒入玉米粒，翻炒匀，放入火腿丁，淋入料酒炒匀。

4.加盐、鸡粉，倒入水淀粉，翻炒至全部食材入味，盛出，放在盘中，撒上炸熟的腰果即成。

小贴士　玉米含有糖类、维生素、微量元素、纤维素等，不仅能为幼儿补充人体所需的营养物质，还能减少人体对糖类物质的吸收，防治小儿肥胖症。

玉米烧排骨

材料	玉米300克，红椒50克，青椒40克，排骨500克，姜片少许	调料	料酒8毫升，生抽5毫升，盐3克，鸡粉2克，水淀粉4毫升，食用油适量

相宜	玉米+木瓜　预防冠心病和糖尿病 玉米+松仁　益寿养颜	相克	玉米+田螺　不利于营养吸收

 1.处理好的玉米切小块；洗净的红椒、青椒切段；锅中注水烧开，倒入排骨，汆去血水，捞出沥干。

 2.热锅注油烧热，倒入姜片，爆香，倒入排骨，淋入料酒、生抽，翻炒匀。

 3.注入清水，倒入玉米，加盐，翻炒片刻，煮开后转小火焖熟。

 4.倒入红椒、青椒，炒匀，加鸡粉，炒匀提鲜，倒入水淀粉，炒匀收汁即可。

小贴士　玉米含有维生素E、维生素C、膳食纤维、叶黄素、等成分，具有开胃消食、加速代谢、增强免疫力等功效。

珍珠南瓜

材料	熟鹌鹑蛋100克，南瓜300克，青椒20克	调料	盐2克，鸡粉2克，水淀粉4毫升，食用油适量

相宜	南瓜+牛肉　补脾健胃、解毒止痛 南瓜+莲子　降低血压	相克	南瓜+带鱼　不利营养物质的吸收 南瓜+螃蟹　可能导致腹痛、腹泻

 1.洗净去皮的南瓜切成菱形块；洗净的青椒去籽，切成小块。

 2.锅中注水烧开，倒入南瓜，煮至断生，捞出，再倒入鹌鹑蛋、青椒，略煮一会儿，捞出，沥干水分。

 3.热锅注油，倒入鹌鹑蛋、青椒、南瓜，再加入盐、鸡粉，炒匀调味。

 4.倒入水淀粉，翻炒匀，将炒的菜盛出装入盘中即可。

小贴士	南瓜含有胡萝卜素、B族维生素、维生素C、叶黄素、磷、钾、钙、镁等营养成分，具有增强免疫力、润肺益气、帮助消化等功效。

白菜梗拌胡萝卜丝

材料	白菜梗120克，胡萝卜200克，青椒35克，蒜末、葱花各少许	调料	盐3克，鸡粉2克，生抽3毫升，陈醋6毫升，芝麻油适量

相宜	胡萝卜+绿豆芽　排毒瘦身 胡萝卜+香菜　开胃消食	相克	胡萝卜+柑橘　降低营养价值

1.将白菜梗切粗丝；胡萝卜切细丝；青椒切成丝。

2.锅中注水烧开，加1克盐，倒入胡萝卜丝，煮1分钟；放入白菜梗、青椒，搅散，再煮半分钟，捞出，沥干待用。

3.把焯煮好的食材装入碗中，加2克盐、鸡粉、生抽、陈醋、芝麻油、蒜末、葱花，搅拌至食材入味。

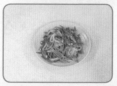
4.取一个干净的盘子，盛入拌好的材料即成。

小贴士　胡萝卜含有胡萝卜素、维生素B$_1$、维生素B$_2$、维生素C、膳食纤维、钙、铁等营养成分，有补益脾胃、补血强身、明目护眼等功效。

榨菜炒白萝卜丝

材料	榨菜头120克，白萝卜200克，红椒40克，姜片、蒜末、葱段各少许	调料	盐2克，鸡粉2克，豆瓣酱10克，水淀粉、食用油各适量

相宜	白萝卜+紫菜　预防咳嗽 白萝卜+豆腐　促进营养吸收	相克	白萝卜+橘子　不利于营养吸收

 1.白萝卜切成丝；榨菜头切成丝；红椒切成丝。

 2.锅中注水烧开，加食用油、1克盐，倒入榨菜丝，煮半分钟；倒入白萝卜丝，再煮1分钟，捞出，沥干待用。

 3.锅中注油烧热，放入姜片、蒜末、葱段、红椒丝，爆香。

 4.倒入榨菜丝、白萝卜丝，炒匀；加鸡粉、1克盐、豆瓣酱，炒匀调味；倒入水淀粉勾芡即可。

小贴士　白萝卜含有较多的钾，能帮助预防高血压。此外，白萝卜还含有香豆酸等活性成分，能降血糖和胆固醇，促进脂肪代谢，适合糖尿病和肥胖症患者食用。

粉蒸胡萝卜丝

材料	胡萝卜300克，蒸肉米粉80克，黑芝麻10克，蒜末、葱花各少许	**调料**	盐2克，芝麻油5毫升

相宜	胡萝卜+香菜　　开胃消食 胡萝卜+绿豆芽　排毒瘦身	**相克**	胡萝卜+柑橘　　降低营养价值 胡萝卜+红枣　　降低营养价值

 1.洗净去皮的胡萝卜切片，再切丝。

 2.取一个碗，倒入胡萝卜丝，加入盐，倒入蒸肉米粉，搅拌片刻，装入蒸盘中。

 3.蒸锅上火烧开，放入蒸盘，大火蒸5分钟至入味，将胡萝卜取出。

 4.将胡萝卜倒入碗中，加入蒜末、葱花，撒上黑芝麻，再淋入芝麻油，搅匀，装入盘中即可。

小贴士　　胡萝卜含有蔗糖、葡萄糖、淀粉、胡萝卜素、矿物质等成分，具有保护视力、增强免疫力等功效。

糙米胡萝卜糕

| 材料 | 去皮胡萝卜250克，水发糙米300克，糯米粉20克，清水适量 |

| 相宜 | 胡萝卜+绿豆芽　排毒瘦身
胡萝卜+菠菜　　预防中风 | 相克 | 胡萝卜+柠檬　破坏维生素C
胡萝卜+山楂　破坏维生素C |

 1.洗净的胡萝卜切片，改切细条；取一碗，倒入胡萝卜条。

 2.放入泡好的糙米，加入糯米粉，注入适量清水，将材料拌匀，盛入备好的碗中。

 3.蒸锅注水烧开，放入上述拌匀的食材，用大火蒸30分钟至熟透，取出放凉。

 4.放凉后倒扣在盘中，将糕点切成数块三角形，将切好的糕点摆放在另一盘中即可。

| 小贴士 | 　胡萝卜含有葡萄糖、胡萝卜素、钾、铁、钙等营养物质，具有滋润肌肤、抗衰老、保护视力、降血降脂等功效。 |

胡萝卜鸡肉茄丁

材料	去皮茄子100克，鸡胸肉200克，去皮胡萝卜95克，蒜片、葱段各少许	调料	盐2克，白糖2克，胡椒粉3克，蚝油5克，生抽、水淀粉各5毫升，料酒10毫升，食用油适量

相宜	鸡肉+枸杞　补五脏、益气血 鸡肉+红豆　提供丰富的营养	相克	鸡肉+芥菜　影响身体健康 鸡肉+李子　多食易引起不适

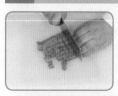

1.茄子切丁；胡萝卜切丁。

2.鸡胸肉切丁，加1克盐、5毫升料酒、水淀粉、食用油，腌渍10分钟，下油锅炒至转色，盛出装盘。

3.另起锅注油，倒入胡萝卜丁、葱段、蒜片、茄子丁，炒匀；加入5毫升料酒、清水、1克盐，搅匀，加盖，大火焖5分钟。

4.揭盖，倒入鸡肉丁，加蚝油、胡椒粉、生抽、白糖，炒至入味即可。

小贴士	鸡肉中含有优质蛋白质和丰富的维生素P、钙、磷、铁等营养成分，而且脂肪含量比较低，具有延缓衰老、清热解毒、降低胆固醇含量、降血压等功效。

肉末南瓜土豆泥

材料	南瓜300克，土豆300克，肉末120克，葱花少许	调料	料酒8毫升，生抽5毫升，盐4克，鸡粉2克，芝麻油3毫升，食用油适量

相宜	土豆+辣椒　健脾开胃 土豆+醋　　可清除土豆中的龙葵素	相克	土豆+柿子　易形成胃结石 土豆+石榴　易引起身体不适

1.洗净去皮的南瓜切成片；洗好去皮的土豆切成片；热锅注油烧热，倒入肉末炒变色。

2.淋入料酒炒匀，放入生抽、2克盐、鸡粉调味，盛出；把土豆、南瓜放入烧开的蒸锅中蒸熟。

3.把蒸熟的南瓜和土豆取出，把蒸好的土豆压烂，剁成泥状，将南瓜压烂，剁成泥状。

4.把土豆泥、南瓜泥装入碗中，放入肉末、葱花、2克盐、芝麻油，搅拌入味即可。

小贴士	南瓜含有糖类、维生素、膳食纤维、淀粉、磷、铁及人体所需的多种氨基酸，具有健脾、护肝、增强免疫力、滋养皮肤等功效。

胡萝卜大杏仁沙拉

材料	胡萝卜80克，大杏仁10克，生菜50克，柠檬汁10毫升	调料	蜂蜜3克，橄榄油10毫升，盐少许

相宜	生菜+兔肉　　促进消化和吸收 生菜+蒜　　　杀菌、解毒	相克	生菜+黄瓜　　破坏维生素

1.将洗净去皮的胡萝卜切条切丁；洗好的生菜切成段。

2.取一个碗，倒入胡萝卜、生菜、杏仁。

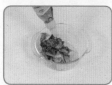
3.加入少许盐、柠檬汁、蜂蜜、橄榄油，拌匀。

4.将拌好的食材装盘中即可。

小贴士　　胡萝卜含有蔗糖、葡萄糖、淀粉、胡萝卜素、钾、钙等成分，具有保护视力、增强免疫力、健脾养胃等功效。

胡萝卜炒鸡肝

材料	鸡肝200克，胡萝卜70克，芹菜65克，姜片、蒜末、葱段各少许	调料	盐3克，鸡粉3克，料酒8毫升，水淀粉3毫升，食用油适量

相宜	鸡肝+大米　辅助治疗贫血及夜盲症 鸡肝+丝瓜　补血养颜	相克	鸡肝+芥菜　降低营养价值 鸡肝+香椿　降低营养价值

1.将洗净的芹菜切成段；去皮洗好的胡萝卜切成条；将洗好的鸡肝切片，加盐、鸡粉、料酒，腌渍入味。

2.锅中注水烧开，放入盐、胡萝卜条，焯煮至八成熟，捞出；把鸡肝片汆煮至转色，捞出。

3.用油起锅，放入姜片、蒜末、葱段，爆香，倒入鸡肝片，拌炒匀，淋入料酒，炒香。

4.倒入胡萝卜、芹菜，翻炒匀，加入盐、鸡粉，炒匀调味，倒入适量水淀粉，勾芡即可。

小贴士	鸡肝含有丰富的蛋白质、维生素A、B族维生素、钙、磷、铁，有补血、保护眼睛、维持正常视力的作用。胡萝卜含有丰富的维生素，可辅助治疗小儿营养不良。两者同食可补充营养，增强宝宝身体免疫力。

芒果梨丝沙拉

材料 去皮芒果100克，去皮梨子100克，蜂蜜少许

相宜
梨+猪肺　清热润肺、助消化
梨+蜂蜜　缓解咳嗽

相克
梨+螃蟹　引起腹泻，损伤肠胃

1.将洗净的芒果切片，再改切成丝。

2.洗好的梨子去内核，切片，改切成丝。

3.取一碗，放入芒果、梨子，挤入适量蜂蜜。

4.用筷子搅拌均匀，摆放在盘子中。

小贴士　　芒果含有膳食纤维、糖类、胡萝卜素、维生素C及镁、磷、钾等营养成分，具有美容养颜、祛痰止咳、防治便秘等功效。

芝麻双丝海带

材料	水发海带85克，青椒45克，红椒25克，姜丝、葱丝、熟白芝麻各少许	调料	盐、鸡粉各2克，生抽4毫升，陈醋7毫升，辣椒油6毫升，芝麻油5毫升

相宜	海带+决明子　清肝明目、化痰 海带+绿豆　　活血化瘀、软坚消痰	相克	海带+咖啡　降低机体对铁的吸收

1.洗好的红椒、青椒切开，去籽，再切细丝；洗好的海带切细丝，再切长段。

2.锅中注水烧开，倒入海带拌匀，煮至断生，放入青椒、红椒，拌匀，略煮片刻，捞出材料，沥干水分。

3.取一个大碗，倒入焯过水的材料，放入姜丝、葱丝，拌匀。

4.加入盐、鸡粉、生抽、陈醋、辣椒油、芝麻油，拌匀，撒上熟白芝麻，快速拌匀即可。

小贴士　　海带含有膳食纤维、维生素C、甘露醇、维生素B_1、钙、钾等营养成分，具有降血压、增强免疫力等功效。

桑葚乌鸡汤

材料	乌鸡肉400克，竹笋80克，桑葚8克，姜片、葱段各少许	调料	料酒7毫升，盐2克，鸡粉2克

相宜	乌鸡+粳米　养阴、祛热、补中 乌鸡+红枣　补血养颜	相克	乌鸡+狗肾　引起腹痛腹泻

 1.将洗好去皮的竹笋切成薄片；锅中注水烧热，倒入笋片，煮约3分钟，去除涩味，捞出。

 2.再倒入乌鸡肉，余去血水，捞出，沥干水分；砂锅中注入清水，用大火烧开。

 3.倒入姜片、葱段、桑葚，放入乌鸡肉、笋片，淋入料酒，搅拌均匀。

 4.烧开后用小火煮约90分钟至食材熟软，加盐、鸡粉，搅拌入味即可。

小贴士　乌鸡含有蛋白质、黑色素、B族维生素、维生素E、磷、铁、钾等营养成分，具有增强免疫力、延缓衰老、强筋健骨等功效。

芥蓝腰果炒香菇

材料	芥蓝130克，鲜香菇55克，腰果50克，红椒25克，姜片、蒜末、葱段各少许	调料	盐3克，鸡粉少许，白糖2克，料酒4毫升，水淀粉、食用油各适量

相宜	香菇+牛肉　补气养血 香菇+猪肉　促进消化	相克	香菇+鹌鹑蛋　同食面生黑斑 香菇+螃蟹　引起结石

1.将洗净的香菇切粗丝；洗好的红椒切成圈；洗净的芥蓝切成小段。

2.锅中注水烧开，放入食用油、1克盐、芥蓝段，煮约半分钟，倒入香菇丝，续煮至其断生，捞出。

3.热锅注油烧热，放入腰果，炸约1分钟，捞出；油爆姜片、蒜末、葱段，倒入焯煮过的食材炒匀。

4.淋入料酒炒香，加2克盐、鸡粉、白糖，炒至糖分溶化，放入红椒圈炒至食材熟透，倒入水淀粉、腰果炒匀即可。

小贴士	芥蓝味道鲜美，营养比较丰富，含有维生素C、矿物质、纤维素、糖类等营养成分。儿童食用芥蓝，有清热解毒、清心明目等功效。

海带虾仁炒鸡蛋

材料	海带85克，虾仁75克，鸡蛋3个，葱段少许	调料	盐3克，鸡粉4克，料酒12毫升，生抽4毫升，水淀粉4毫升，芝麻油、食用油各适量

相宜	海带+虾仁　补钙、防癌 海带+紫菜　治水肿、贫血	相克	海带+咖啡　降低机体对铁的吸收 海带+葡萄　减少钙的吸收

 1.洗好的海带切成小块；虾仁切开背部，去除虾线，装入碗中，放入少许料酒、盐、鸡粉、水淀粉、芝麻油，腌渍10分钟。

 2.鸡蛋打入碗中，放入少许盐、鸡粉，用筷子打散、搅匀；用油起锅，倒入蛋液，翻炒至蛋液凝固，盛出备用。

 3.锅中注入适量清水烧开，倒入海带，煮半分钟，捞出，沥干水分，备用。

 4.用油起锅，倒入虾仁，快速翻炒至变色；加入海带，炒匀；淋入料酒、生抽，加入鸡粉，炒匀调味；倒入鸡蛋、葱段，翻炒即可。

小贴士	海带含有较多的不饱和脂肪酸、食物纤维、钙、钾、镁等营养物质，具有清热解毒的功效，还能为小儿及时补充钾元素。

菊花枸杞豆浆

材料 水发黄豆100克，菊花、枸杞各少许

相宜	黄豆+白菜	保护乳腺	**相克**	黄豆+菠菜	不利营养的吸收
	黄豆+红枣	补血、养颜		黄豆+核桃	导致腹胀、消化不良

 1.将已浸泡8小时的黄豆放入碗中，注入适量清水，用手搓洗干净，倒入滤网中，沥干水分。

 2.取豆浆机，倒入备好的黄豆、菊花、枸杞，注入适量清水，至水位线即可。

 3.盖上豆浆机机头，选择"五谷"程序，开始打浆，待豆浆机运转约20分钟，即成豆浆。

 4.将打好的豆浆倒入滤网中，滤取豆浆，把滤好的豆浆倒入碗中，待稍凉后即可饮用。

小贴士 菊花含有挥发油、菊苷、腺嘌呤、氨基酸、黄酮类等成分，具有清肝泻火、养阴明目、降压降脂、抗氧化、防衰老等功效。

蒜香西蓝花炒虾仁

| 材料 | 西蓝花170克，虾仁70克，蒜片少许 | 调料 | 盐3克，鸡粉1克，胡椒粉5克，水淀粉、料酒各5毫升，食用油适量 |

| 相宜 | 虾仁+燕麦　有利牛磺酸的合成
虾仁+葱　　益气、下乳 | 相克 | 虾仁+西瓜　降低免疫力 |

1.洗净的西蓝花切成小块。

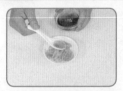

2.虾仁去虾线，装碗，加1克盐、胡椒粉、料酒，拌匀，腌渍15分钟。

3.沸水锅中加食用油、1克盐，倒入西蓝花，煮至断生，捞出。

4.用油起锅，倒入虾仁，炒至转色；放入蒜片，炒香；倒入西蓝花，翻炒至熟软；加1克盐、鸡粉，炒匀调味；注入清水，加入水淀粉，炒匀收汁即可。

小贴士　　虾仁含有蛋白质、维生素A、牛磺酸、钾、钙、碘、镁、磷等营养成分，具有化瘀解毒、补肾壮阳、通络止痛、开胃化痰等功效。

蒜泥海带丝

材料	水发海带丝240克，胡萝卜45克，熟白芝麻、蒜末各少许	调料	盐2克，生抽4毫升，陈醋6毫升，蚝油12克

相宜	海带+猪肉　除湿 海带+豆腐　补碘	相克	海带+猪血　引起便秘 海带+咖啡　降低机体对铁的吸收

1.洗净的胡萝卜切成细丝。

2.锅中注水烧开，放入海带丝，搅散，大火煮至断生，捞出。

3.取一个大碗，放入海带丝，撒上胡萝卜丝、蒜末，加盐、生抽、蚝油、陈醋，拌至食材入味。

4.另取一个盘子，盛入拌好的菜肴，撒上熟白芝麻即可。

小贴士
　　海带含有B族维生素、维生素E、昆布素、藻胶酸、钾、钙、碘、镁、铁等营养成分，具有增强免疫力、降血脂、补钙、美容等功效。

蓝莓南瓜

材料　蓝莓酱40克，南瓜400克

相宜
蓝莓+山药　健脾护肝
蓝莓+葡萄　促进消化

相克
蓝莓+牛奶　破坏蛋白质

1.洗净的南瓜去皮，切上花刀，再切成厚片。

2.把切好的南瓜放入盘中，摆放整齐。

3.将蓝莓酱抹在南瓜片上，把加工好的南瓜片放入烧开的蒸锅中。

4.盖上盖，用大火蒸5分钟，至食材熟透，揭开盖，把蒸好的蓝莓南瓜取出即可。

小贴士　　蓝莓含有花青素、果胶、花色苷、维生素C等营养成分，可以乳化人体中的脂肪和胆固醇，促进其排出体外，从而达到调节血压的功效。

蓝莓山药泥

材料	山药180克，蓝莓酱15克	调料	白醋适量

相宜	山药+芝麻	预防骨质疏松	相克	山药+鲫鱼	不利于营养物质的吸收
	山药+红枣	补血养颜		山药+菠菜	降低营养价值

1.将去皮洗净的山药切成块，浸入清水中，加少许白醋。

2.搅拌均匀，去除黏液，将山药捞出，装盘备用，把山药放入烧开的蒸锅中。

3.盖上盖，用中火蒸15分钟至熟，揭盖，把蒸熟的山药取出。

4.把山药倒入大碗中，先用勺子压烂，再用木锤捣成泥，取一个干净的碗，放入山药泥，再放上蓝莓酱即可。

小贴士

山药含有丰富的蛋白质、氨基酸、葡萄糖、果糖及多种矿物质，有健脾益胃、助消化、强筋骨、安神的作用，幼儿食用山药还可辅助治疗腹泻、预防感冒。

薏米红薯糯米粥

材料	薏米30克，红薯300克，糯米100克，蜂蜜15克

相宜	薏米+大米　补脾除湿 薏米+白糖　对粉刺有食疗作用	相克	薏米+杏仁　引起呕吐、泄泻

1.砂锅中注入适量清水烧开，加入已浸泡好的薏米、糯米，搅拌均匀。

2.盖上盖，烧开之后转小火煮约40分钟，至米粒变软。

3.揭盖，加入备好的红薯块，搅拌一下，盖上盖，续煮约20分钟，至食材煮熟。

4.关火，凉凉后加入蜂蜜，拌匀，盛出煮好的粥，装在碗中即可。

小贴士　　薏米含有糖类、蛋白质、膳食纤维等成分，有健脾利湿的功效，可以加速排出人体内多余的水分，从而起到排毒、利尿的作用。

蚕豆瘦肉汤

材料	水发蚕豆220克，猪瘦肉120克，姜片、葱花各少许	调料	盐、鸡粉各2克，料酒6毫升

相宜	猪肉+红薯　降低胆固醇 猪肉+莴笋　补脾益气	相克	猪肉+茶　容易造成便秘

1.将洗净的瘦肉切丁；锅中注水烧开，倒入瘦肉丁。

2.淋入3毫升料酒，拌匀，用大火煮约1分钟，汆去血水，再捞出瘦肉，沥干水分，待用。

3.砂锅中注水烧开，倒入瘦肉丁，撒上姜片，倒入洗净的蚕豆，淋入3毫升料酒，煮约40分钟，至食材熟透。

4.加入盐、鸡粉，拌匀，用中火煮至入味，盛出煮好的汤料，装入碗中，撒上葱花即成。

小贴士	蚕豆含有蛋白质、粗纤维、磷脂、胆碱、维生素B$_1$、维生素B$_2$、钙、铁、磷、钾等营养成分，具有开胃消食、增强记忆力、缓解压力等功效。

蜜枣枇杷雪梨汤

材料	雪梨240克，枇杷100克，蜜枣35克	调料	冰糖30克

相宜	梨+猪肺　清热润肺、助消化 梨+蜂蜜　缓解咳嗽	相克	梨+螃蟹　引起腹泻，损伤肠胃

 1.洗净去皮的雪梨去核，把果肉切成小块。

 2.洗好的枇杷去头尾、果皮，把果肉切成小块；将蜜枣对半切开。

 3.砂锅中注水烧热，放入蜜枣、枇杷，倒入雪梨，烧开后用小火煮约20分钟。

 4.倒入冰糖，搅拌匀，用大火煮至冰糖溶化，盛出煮好的雪梨汤即可。

小贴士	蜜枣含有膳食纤维、胡萝卜素、维生素C、钾、磷、铜、锰等营养成分，具有补血、健胃、益肺、调胃等功效。

黄花菜拌海带丝

材料	水发黄花菜100克，水发海带80克，彩椒50克，蒜末、葱花各少许	调料	盐3克，鸡粉2克，生抽4毫升，白醋5毫升，陈醋8毫升，芝麻油少许

相宜	海带+冬瓜　降血压、降血脂 海带+排骨　治皮肤瘙痒	相克	海带+绿豆　活血化瘀、软坚消痰 海带+葡萄　减少钙的吸收

 1.彩椒切粗丝；海带切细丝。

 2.锅中注水烧开，淋上白醋，倒入海带丝，略煮；再倒入黄花菜、彩椒丝，加盐，续煮片刻，捞出。

 3.把焯煮熟的食材装入碗中，撒上蒜末、葱花，加入盐、鸡粉。

 4.淋入生抽、芝麻油、陈醋，搅拌至食材入味，装盘即可。

小贴士	海带含有海带聚糖、碘、钙、氟、胡萝卜素、维生素B₂等营养成分，有增强机体免疫力的功效，能提高儿童抗病能力。

海带含有海带聚糖、碘、钙、氟、胡萝卜素、维生素B_2等营养成分，有增强机体免疫力的功效，能提高儿童抗病能力。

豆瓣酱烧带鱼

材料	带鱼肉270克，姜末、葱花各少许

调料	盐2克，料酒9毫升，豆瓣酱10克，生粉、食用油各适量

相宜	带鱼+苦瓜　　保护肝脏 带鱼+木瓜　　补气养血

相克	带鱼+菠菜　　不利营养的吸收 带鱼+南瓜　　不利于健康

1.带鱼肉两面切上网格花刀，再切成块，装碗，加盐、4毫升酒、生粉，腌渍10分钟。

2.用油起锅，放入带鱼块，小火煎至断生，捞出。

3.锅底留油烧热，倒入姜末，爆香；放入豆瓣酱，炒出香味。

4.注入清水，放入带鱼块，加5毫升料酒，盖上盖，煮开后用小火焖10分钟，点缀上葱花即可。

小贴士	带鱼含有蛋白质、不饱和脂肪酸、磷、钙、镁、铁、碘等营养成分，对心血管系统有很好的保护作用，具有养肝补血、泽肤养发等功效。

银耳鸡肝粥

材料	水发大米150克，水发银耳100克，鸡肝150克，枸杞3克，姜丝、葱花各少许	**调料**	盐2克，鸡粉3克，生粉、食用油各少许

相宜	大米+红豆　有利营养的吸收 大米+乌鸡　养阴、祛热、补中	**相克**	大米+牛奶　破坏维生素A 大米+蕨菜　影响维生素B_1的吸收

 1.洗净的鸡肝切成片；洗好的银耳切小块，备用。

 2.把鸡肝装入碗中，加入盐、鸡粉、姜丝、生粉、食用油，拌匀，腌渍入味。

 3.砂锅中注水烧开，放入大米、鸡肝、银耳，拌匀后用大火煮开，再转小火煮35分钟。

 4.倒入枸杞，拌匀，煮1分钟，加入盐、鸡粉，拌匀调味，放入葱花，拌匀即可。

小贴士	鸡肝含有蛋白质、维生素A、B族维生素、钙、磷、铁、锌等营养成分，具有益气补血、延缓衰老、保护眼睛等功效。

陈皮炒猪肝

| 材料 | 猪肝150克，水发陈皮5克，鸡蛋1个，水发木耳5克，彩椒5克，姜片、葱段各少许 | 调料 | 盐2克，生粉5克，水淀粉、生抽、料酒、胡椒粉、食用油各适量 |

| 相宜 | 猪肝+松仁　促进营养物质的吸收
猪肝+苦菜　清热解毒、补肝明目 | 相克 | 猪肝+山楂　破坏维生素C
猪肝+荞麦　影响消化 |

1.将洗净的猪肝用斜刀切片；洗好的彩椒切小块。

2.取一个碗，放入猪肝，加入盐，淋入料酒，打入鸡蛋清，加入生粉，腌渍10分钟至食材入味。

3.用油起锅，放入姜片、葱段、猪肝，炒匀，加入备好的陈皮、彩椒、木耳，炒匀。

4.放入料酒、生抽、盐、胡椒粉，炒匀，倒入水淀粉勾芡，盛出炒好的菜肴，装入盘中即可。

小贴士　　猪肝含有蛋白质、维生素A、卵磷脂、钙、铁、磷、硒、钾等营养成分，具有益气补血、健脑益智、保肝健脾等功效。

青菜猪肝末

材料	猪肝80克，芥菜叶60克	**调料**	盐少许	

相宜	猪肝+松仁 促进营养物质的吸收 猪肝+苦菜 清热解毒、补肝明目	**相克**	猪肝+山楂 破坏维生素C 猪肝+荞麦 影响消化

 1.汤锅中注水烧开，放入芥菜叶，煮约半分钟至熟，捞出，放凉备用。

 2.将芥菜叶切成粒，剁碎；洗好的猪肝切片，切碎，再剁成末。

 3.汤锅中注入适量清水，大火烧开，放入切好的芥菜叶。

 4.再倒入切好的猪肝，用大火煮沸，加入适量盐，搅拌均匀即可。

小贴士　猪肝富含维生素A、铁、锌、铜等成分，有补血健脾、养肝明目的功效，婴幼儿适量食用有利于视力发育。

增强免疫力食谱

冬瓜燕麦沙拉

材料	去皮黄瓜80克，去皮冬瓜80克，圣女果30克，酸奶20克，熟燕麦70克	调料	盐2克，沙拉酱10克

相宜	黄瓜+黄花菜 改善情绪 黄瓜+大蒜 排毒瘦身	相克	黄瓜+柑橘 破坏维生素 黄瓜+西红柿 破坏维生素

 1.洗净的圣女果对半切开；洗好的黄瓜切粗条，改切成丁；洗净的冬瓜切丁。

 2.锅中注入适量清水烧开，倒入冬瓜，加入盐，焯煮片刻，将焯煮好的冬瓜捞出，放入凉水中。

 3.待凉后捞出，沥干水分，放入碗中，倒入黄瓜、熟燕麦，拌匀。

 4.取一盘，将圣女果摆放在盘子周围，倒入拌好的黄瓜、燕麦、冬瓜，浇上酸奶，挤上沙拉酱即可。

小贴士　　冬瓜含有糖类、胡萝卜素、粗纤维及多种维生素、矿物质，具有健脾止泻、清热解毒、润肺生津等功效。

原味香蕉豆浆

材料 香蕉30克，水发黄豆40克

相宜 黄豆+白菜　保护乳腺
黄豆+红枣　补血、养颜

相克 黄豆+菠菜　不利营养的吸收
黄豆+核桃　导致消化不良

 1.去皮的香蕉切成块；将已浸泡8小时的黄豆倒入碗中，注入适量清水，用手搓洗干净。

 2.把洗好的黄豆倒入滤网，沥干水分，将香蕉、黄豆倒入豆浆机中，注入清水至水位线即可。

 3.盖上豆浆机机头，选择"五谷"程序，再选择"开始"键，开始打浆，待豆浆机运转约15分钟，即成豆浆。

 4.将豆浆机断电，取下机头，把煮好的豆浆倒入滤网，滤取豆浆，将滤好的豆浆倒入碗中即可。

小贴士 香蕉含有蛋白质、蔗糖、果糖、葡萄糖、膳食纤维、维生素E、磷、钾等营养成分，具有增进食欲、润肠通便、清热解毒等功效。

土豆烧鲈鱼块

材料	土豆200克，鲈鱼800克，红椒40克，姜片、蒜片、葱段各少许	调料	料酒10毫升，生抽10毫升，胡椒粉3克，盐3克，水淀粉5毫升，鸡粉2克，食用油适量

相宜	鲈鱼+生姜　补虚养身、健脾开胃 鲈鱼+胡萝卜　延缓衰老	相克	鲈鱼+奶酪　影响钙的吸收 鲈鱼+蛤蜊　导致铜、铁的流失

1.洗净去皮的土豆切块；洗净的红椒切开去子，切成片；处理好的鲈鱼切成均等的段。

2.鲈鱼中加1克盐、5毫升料酒、5毫升生抽、胡椒粉，腌渍入味；土豆油炸至起皮；鲈鱼油炸至金黄，捞出，沥干油分。

3.油爆姜片、蒜片、葱段，放入鲈鱼，淋入5毫升料酒、5毫升生抽，注入清水，倒入土豆、2克盐，焖至熟透。

4.加入鸡粉、红椒，搅拌均匀，倒入水淀粉，搅匀收汁，将煮好的鲈鱼盛出装入碗中即可。

小贴士	豆腐含有蛋白质、B族维生素、蛋黄素、维生素E、叶酸等成分，具有清热解毒、开胃消食等功效。

土豆豌豆泥

材料　土豆130克，豌豆40克

相宜
土豆+黄瓜　有利身体健康
土豆+豆角　除烦润燥

相克
土豆+香蕉　引起面部生斑
土豆+柿子　导致消化不良

 1.洗好去皮的土豆切成薄片，放入蒸碗中。

 2.将蒸盘放入烧开的蒸锅中，用中火蒸约15分钟至食材熟软，取出蒸盘，放凉待用。

 3.将洗好的豌豆放入烧开的蒸锅中，用中火蒸至豌豆熟软，取出豌豆，放凉待用。

 4.取一个大碗，倒入蒸好的土豆，压成泥状，放入豌豆，捣成泥状，将土豆和豌豆混合均匀即可。

小贴士　豌豆含有糖类、膳食纤维、优质淀粉及多种微量元素，具有和胃调中、健脾利湿、解毒消炎、宽肠通便等功效。

小土豆焖香菇

材料	土豆70克，水发香菇60克，干辣椒、姜片、蒜末、葱段各少许	调料	盐、鸡粉各2克，豆瓣酱6克，生抽4毫升，水淀粉、食用油各适量

相宜	土豆+黄瓜　有利身体健康 土豆+豆角　除烦润燥	相克	土豆+香蕉　引起面部生斑 土豆+柿子　导致消化不良

 1.将洗净的香菇切成小块；洗好去皮的土豆切成丁，入油锅炸至金黄色，捞出，沥干油。

 2.锅底留油烧热，倒入干辣椒、姜片、蒜末，用大火爆香，放入香菇块，炒匀，倒入炸好的土豆丁。

 3.加入豆瓣酱、生抽、鸡粉、盐，炒匀调味，注入清水，煮沸后用小火焖煮至材料入味。

 4.转大火收汁，用少许水淀粉勾芡，至汤汁收浓，盛出炒好的菜肴，装入盘中，放上葱段即成。

小贴士　土豆含有淀粉、蛋白质、B族维生素、膳食纤维、钙、磷、铁等营养成分，具有促进胃肠蠕动、健脾利湿、解毒消炎、降血糖、降血脂等功效。

彩椒黄瓜炒鸭肉

材料	鸭肉180克，黄瓜90克，彩椒30克，姜片、葱段各少许	**调料**	生抽、盐、鸡粉、水淀粉、料酒、食用油各适量

相宜	鸭肉+山药　滋阴润肺 鸭肉+干贝　提供丰富的蛋白质	**相克**	鸭肉+鳖肉　导致水肿泄泻

 1.洗净的彩椒切开，去籽，切成小块；洗好的黄瓜切条形，去瓤，再切成块。

 2.处理干净的鸭肉去皮，切成丁，装入碗中，淋入生抽、料酒，加入水淀粉，腌渍入味。

 3.油爆姜片、葱段，倒入腌好的鸭肉，翻炒至变色，淋入料酒，炒香，放入彩椒，翻炒均匀。

 4.倒入黄瓜，翻炒均匀，加入盐、鸡粉、生抽、水淀粉，翻炒入味即可。

小贴士	鸭肉含有蛋白质、不饱和脂肪酸、维生素B_1、维生素B_2、烟酸、钙、磷、铁等营养成分，具有补阴益血、清虚热、增强免疫力、延缓衰老等功效。

果仁凉拌西葫芦

材料	花生米100克，腰果80克，西葫芦400克，蒜末、葱花各少许	调料	盐4克，鸡粉3克，生抽4毫升，芝麻油2毫升，食用油适量

相宜	花生+猪蹄　补血催乳 花生+红枣　健脾、止血	相克	花生+肉桂　降低营养

 1.将洗净的西葫芦切成片；锅中注水烧开，加2克盐、西葫芦，拌匀，倒入食用油，煮熟，捞出。

 2.将花生米、腰果倒入沸水锅中，煮半分钟，捞出；起油锅，放入花生米、腰果，炸香，捞出。

 3.把煮好的西葫芦倒入碗中，加入2克盐、鸡粉、生抽，放入蒜末、葱花，拌匀。

 4.加入芝麻油，拌匀，倒入炸好的花生米和腰果，搅拌匀即可。

小贴士　西葫芦含有蛋白质、矿物质、维生素、腺嘌呤、天门冬氨酸等营养成分，具有清热利尿、除烦止渴、润肺止咳、消肿散结等功效。

柠檬薏米豆浆

材料 薏米15克，水发红豆50克，柠檬少许

相宜
薏米+粳米　补脾除湿
薏米+山楂　健美减肥

相克
薏米+杏仁　引起呕吐、泄泻

 1.将薏米放入碗中，倒入已浸泡4小时的红豆，注入适量清水，用手搓洗干净。

 2.把洗好的食材倒入滤网，沥干水分，将红豆、薏米、柠檬倒入豆浆机中。

 3.注入适量清水，至水位线即可，盖上豆浆机机头，选择"五谷"程序，再选择"开始"键，开始打浆。

 4.待豆浆机运转约15分钟，即成豆浆，把煮好的豆浆倒入滤网，滤取豆浆，将滤好的豆浆倒入杯中即可。

小贴士
　　薏米含有维生素B_1、维生素B_2、钙、磷、镁、钾等营养成分，具有利尿消肿、改善食欲、排毒美肤等功效。

菠菜炒鸡蛋

材料	菠菜65克，鸡蛋2个，彩椒10克	调料	盐2克，鸡粉2克，食用油适量

相宜	菠菜+猪肝　　提供丰富的营养 菠菜+胡萝卜　保持心血管的畅通	相克	菠菜+醋　　损伤牙齿 菠菜+核桃　引起结石

1.洗净的彩椒切开，去籽，切条形，再切成丁。

2.洗好的菠菜切成粒。

3.鸡蛋打入碗中，加入盐、鸡粉，搅匀打散，制成蛋液，待用。

4.用油起锅，倒入蛋液，翻炒均匀；加入彩椒，翻炒匀；倒入菠菜粒，炒至食材熟软即可。

小贴士　菠菜含膳食纤维、维生素、铁、钾、胡萝卜素、叶酸、草酸等，能促进生长发育、增强抗病能力，促进人体新陈代谢，延缓衰老。

椒盐银鱼

材料	银鱼干120克，朝天椒15克，蒜末、葱花各少许	调料	盐1克，胡椒粉1克，鸡粉、吉士粉、料酒、辣椒油、五香粉、生粉、食用油各适量

相宜	朝天椒+银鱼 朝天椒+肉类	开胃消食、营养全面 促进消化和吸收	相克	朝天椒+黄瓜　破坏维生素

 1.将银鱼干用水浸泡软，捞出装碗，加少许盐、吉士粉，拌匀，撒上少许生粉，拌匀待用。

 2.洗净的朝天椒切圈；热锅注油，烧至三四成热，放入银鱼干，炸至金黄色，捞出炸好的银鱼干。

 3.油爆蒜末，放入朝天椒圈，炒匀，放入银鱼干，加入料酒、胡椒粉、盐、鸡粉、五香粉，炒匀炒透。

 4.撒上葱花，炒出葱香味，淋入少许辣椒油，炒匀，关火后盛出炒好的菜肴即可。

小贴士	银鱼是高钙、高蛋白、低脂肪的鱼类，具有增强免疫力、延缓衰老、软化血管、滋阴润肺、防癌抗癌等功效。

牛奶鲫鱼汤

材料	净鲫鱼400克，豆腐200克，牛奶90毫升，姜丝、葱花各少许	调料	盐2克，鸡粉少许

相宜	鲫鱼+黑木耳　润肤抗老 鲫鱼+花生　利于营养吸收	相克	鲫鱼+葡萄　产生强烈刺激 鲫鱼+芥菜　引起水肿

 1.洗净的豆腐切成小方块；用油起锅，放入处理干净的鲫鱼，用小火煎至两面断生，盛出装盘，待用。

 2.锅中注水烧开，撒上姜丝，放入煎过的鲫鱼，加入少许鸡粉、盐，搅匀调味，掠去浮沫。

 3.盖上盖，用中火煮约3分钟，至鱼肉熟软，揭盖，放入豆腐块，拌匀，再倒入牛奶，轻轻搅拌匀。

 4.用小火煮约2分钟，至豆腐入味，盛出煮好的鲫鱼汤，装入汤碗中，撒上葱花即成。

小贴士　　鲫鱼含有蛋白质、钙、磷、铁等营养物质，有和中补虚、除湿利水、补中生气的功效。它所含的蛋白质质优、齐全、易于消化吸收，非常适合儿童食用。

猪肝炒花菜

| 材料 | 猪肝160克，花菜200克，胡萝卜片、姜片、蒜末、葱段各少许 | 调料 | 盐3克，鸡粉2克，生抽3毫升，料酒6毫升，水淀粉、食用油各适量 |

| 相宜 | 猪肝+松仁　促进营养物质的吸收
猪肝+苦菜　清热解毒、补肝明目 | 相克 | 猪肝+山楂　破坏维生素C
猪肝+荞麦　影响消化 |

1.将洗净的花菜切成小朵；洗好的猪肝切成片，加入盐、鸡粉、料酒、食用油，腌渍入味。

2.锅中注入清水烧开，放入盐、食用油，倒入切好的花菜，煮断生后捞出，沥干水分。

3.用油起锅，放入胡萝卜片、姜片、蒜末、葱段，爆香，再到入猪肝，翻炒至其松散、转色。

4.倒入焯煮好的花菜，淋上料酒，炒透，加入盐、鸡粉、生抽，炒匀调味，淋入水淀粉，翻炒均匀即成。

小贴士　猪肝的营养价值较高，含有蛋白质、钙、磷、铁、锌、维生素B$_1$、维生素B$_2$等营养成分，有补气益血的作用。儿童食用猪肝不仅可以预防缺铁性贫血，还能改善因营养不良造成的面色萎黄等症状。

盐蒸橙子

材料	橙子160克	调料	盐少许

相宜	橙子+蜂蜜　可治胃气不和、呕逆少食 橙子+玉米　促进维生素的吸收	相克	橙子+动物肝脏　破坏维生素C

 1.洗净的橙子切去顶部，在果肉上插数个小孔。

 2.撒上少许盐，静置约5分钟，备用。

 3.蒸锅上火烧开，放入橙子，盖上盖，用中火蒸约8分钟至橙子熟透。

 4.揭开盖，取出蒸好的橙子，放凉后切成小块，取出果肉，装入小碗中，淋入蒸碗中的汤水即可。

小贴士　橙子含有糖类、橙皮苷、挥发油、胡萝卜素、维生素等营养成分，能增强机体免疫力，增加毛细血管的弹性。此外，其所含的芳香味有镇静安神的作用。

糙米桂圆甜粥

材料	水发糙米100克，桂圆肉30克	调料	冰糖20克

相宜	桂圆+莲子　养心安神 桂圆+鸡蛋　治血虚引起的头痛	相克	桂圆+白酒　容易导致上火

1.锅中注入适量清水烧开，倒入洗净的桂圆肉。

2.放入备好的糙米，搅拌一会儿，使米粒散开。

3.盖上盖，烧开后用小火煮约65分钟，至食材熟透。

4.揭盖，放入冰糖，拌煮一会儿，至糖分完全融化，盛出煮好的桂圆甜粥，装在碗中即可。

小贴士　桂圆肉含有葡萄糖、酒石酸、维生素C、维生素B$_1$、维生素K、铁、钙、钾等多种营养物质，有安神补血、恢复体力、补益心脾等作用。

绿豆芽炒鳝丝

材料	绿豆芽40克，鳝鱼90克，青椒、红椒各30克，姜片、蒜末、葱段各少许	调料	盐3克，鸡粉3克，料酒6毫升，水淀粉、食用油各适量

相宜	鳝鱼+藕　　可以保持体内酸碱平衡 鳝鱼+松子　美容养颜	相克	鳝鱼+南瓜　会影响营养的吸收 鳝鱼+银杏　易对身体不利

 1.洗净的红椒、青椒切开，去籽，切成丝。

 2.将处理干净的鳝鱼切成丝，放1克鸡粉、盐、3毫升料酒、水淀粉、食用油，腌渍10分钟至入味。

 3.油爆姜片、蒜末、葱段，放入青椒、红椒，拌炒匀，倒入鳝鱼丝，翻炒匀。

 4.淋入3毫升料酒炒香，放入洗好的绿豆芽，加2克盐、2克鸡粉，炒匀调味，倒入适量水淀粉，快速炒匀即可。

小贴士　　鳝鱼含有的DHA、卵磷脂是构成人体各器官组织细胞膜的主要成分，而且是脑细胞不可缺少的营养成分，是儿童发育所需的的理想食品。

肉末豆角

材料	肉末120克，豆角230克，彩椒80克，姜片、蒜末、葱段各少许	调料	食粉2克，盐2克，鸡粉2克，蚝油5克，水淀粉5毫升，生抽、料酒、食用油各适量

相宜	猪肉+芋头	可滋阴润燥、养胃益气	相克	猪肉+田螺	容易伤肠胃
	猪肉+白萝卜	消食、除胀、通便		猪肉+茶	易引发恶心、腹痛

1.洗好的豆角切成段；洗净的彩椒切开，去籽，切条，再切成丁。

2.锅中注水烧开，放入食粉，倒入豆角，煮断生，捞出焯煮好的豆角，沥干水分，待用。

3.用油起锅，放入肉末，快速炒松散，淋入料酒、生抽，翻炒匀，放入姜片、蒜末、葱段，炒出香味。

4.倒入彩椒丁，放入焯过水的豆角，炒匀，加入盐、鸡粉、蚝油、水淀粉，快速翻炒至食材入味即可。

小贴士　豆角含有胡萝卜素、维生素C、维生素B$_1$、铁、镁、锰、磷、钾等营养物质，有解渴健脾、补肾止泄、益气生津的功效。

腰豆炒虾仁

材料	红腰豆80克，虾仁60克，圆椒5克，黄彩椒5克	调料	盐2克，鸡粉3克，料酒、水淀粉、食用油各适量

相宜	虾仁+猪肝　　治肾虚、月经过多 虾仁+枸杞子　补肾壮阳	相克	虾仁+猪肉　　耗人阴精 虾仁+南瓜　　引发痢疾

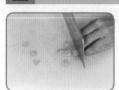
1.黄彩椒切块；圆椒切块。

2.用油起锅，倒入虾仁，炒香，加圆椒、黄彩椒，炒匀。

3.放入红腰豆，炒匀。

4.淋入料酒，加盐、鸡粉，翻炒至入味；淋入水淀粉即可。

小贴士　　虾仁含有蛋白质、维生素A、维生素C、钙、镁、硒、铁、铜等营养成分，具有益气补血、清热明目、降血脂等功效。

牛肉煲芋头

材料	牛肉300克，芋头300克，花椒、桂皮、八角、香叶、姜片、蒜末、葱花各少许
调料	盐2克，鸡粉2克，料酒10毫升，豆瓣酱10克，生抽4毫升，水淀粉10毫升，食用油适量

相宜	芋头+芹菜　补气虚、增食欲 芋头+鲫鱼　治疗脾胃虚弱
相克	芋头+香蕉　引起肠胃不适

1. 洗净去皮的芋头切块；洗好的牛肉切丁；锅中注水烧开，倒入牛肉丁，汆去血水，捞出。

2. 油爆花椒、桂皮、八角、香叶、姜片、蒜末，倒入牛肉丁炒匀，淋入料酒提鲜。

3. 放入豆瓣酱、生抽、盐、鸡粉炒匀，倒入清水煮沸，焖至食材熟软，放入芋头，搅拌均匀。

4. 用小火焖至其熟透，倒入水淀粉勾芡，将焖好的食材盛入砂煲中，加热片刻，撒上葱花即可。

小贴士	牛肉含有蛋白质、维生素A、B族维生素、钙、磷、铁、锌、硒等营养成分，具有补中益气、滋养脾胃、强健筋骨、化痰息风、养肝明目、止渴止涎等功效。

芦笋炒猪肝

材料	猪肝350克，芦笋120克，红椒20克，姜丝少许	调料	盐2克，鸡粉2克，生抽4毫升，料酒4毫升，水淀粉、食用油各适量

相宜	芦笋+木耳　清肺、润燥 芦笋+冬瓜　清脂、瘦身	相克	芦笋+羊肉　导致腹痛 芦笋+羊肝　降低营养价值

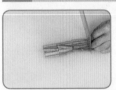 1.将洗净的芦笋切成长段；洗好的红椒去籽，切块。

 2.处理干净的猪肝切片，加1克盐、料酒、水淀粉、食用油，腌渍10分钟；芦笋、红椒块焯煮断生，捞出。

 3.起油锅，倒入猪肝，拌匀，捞出猪肝，沥干油；油爆姜丝。

 4.放入焯过水的食材，倒入猪肝，炒匀，加1克盐、生抽、鸡粉、水淀粉，炒入味即可。

小贴士　　芦笋含有多种氨基酸和维生素，还含有硒、钼、铬、锰等营养成分，具有调节机体代谢、增强免疫力等功效。

芦笋西红柿鲜奶汁

材料 芦笋60克，西红柿130克，牛奶80毫升

相宜
芦笋+黄花菜　养血止血
芦笋+冬瓜　　降压降脂

相克
芦笋+羊肉　易导致腹痛
芦笋+羊肝　降低营养价值

1.洗净的芦笋切成段；洗好的西红柿切成小块，备用。

2.取榨汁机，选择搅拌刀座组合，倒入芦笋、西红柿，注入适量矿泉水。

3.盖上盖，选择"榨汁"功能，榨取蔬菜汁，揭盖，倒入牛奶。

4.盖上盖，再次选择"榨汁"功能，搅拌均匀，揭开盖，把搅拌匀的蔬菜汁倒入杯中即可。

小贴士　芦笋含有膳食纤维、维生素、矿物质和人体所需的微量元素。中医认为，芦笋性凉，对心率过速、疲劳症引发的失眠和心慌有一定的食疗作用。

花生鲫鱼汤

材料	鲫鱼250克，花生米120克，姜片、葱段各少许	调料	盐2克，食用油适量

相宜	鲫鱼+蘑菇　利尿美容 鲫鱼+西红柿　营养丰富	相克	鲫鱼+蒜　易伤身 鲫鱼+葡萄　产生强烈刺激

1.用油起锅，放入处理好的鲫鱼，用小火煎至两面断生。

2.注入适量清水，放入姜片、葱段、花生米。

3.盖上盖，烧开后用小火煮约25分钟至熟。

4.揭开盖，加入盐，拌匀，煮至食材入味，关火后盛出煮好的汤料即可。

小贴士　鲫鱼含有蛋白质、维生素A、B族维生素、钙、磷、铁等营养成分，具有增强机体免疫力、促进智力发育、健脾开胃等功效。

芸豆平菇牛肉汤

材料	牛肉120克，水发芸豆100克，平菇90克，姜丝、葱花各少许	调料	盐、鸡粉、食粉各少许，生抽3毫升，水淀粉、食用油各适量

相宜	牛肉+土豆　保护胃黏膜 牛肉+洋葱　补脾健胃	相克	牛肉+橄榄　引起身体不适

 1.将洗净的平菇切小块；洗好的牛肉切成小片，装入碗中，撒上食粉，放入盐、鸡粉、生抽，拌匀。

 2.淋入水淀粉，注入食用油，腌渍入味；锅中注水烧开，倒入洗净的芸豆，撒上姜丝，煮至芸豆变软。

 3.加盐、鸡粉，淋入食用油，倒入平菇，拌匀，用大火煮约1分钟，至汤汁沸腾。

 4.放入腌渍好的牛肉片，搅拌至食材熟透，盛出煮好的牛肉汤，装入汤碗中，撒上葱花即成。

小贴士	芸豆含有蛋白质、膳食纤维、维生素B$_1$、维生素B$_2$、烟酸、钙、磷、钾、镁等营养成分，有助于儿童健康发育，缓解消化不良，防治便秘。

茄汁豆角焖鸡丁

材料	鸡胸肉270克，豆角180克，西红柿50克，蒜末、葱段各少许	调料	盐3克，鸡粉1克，白糖3克，番茄酱7克，水淀粉、食用油各适量

相宜	豆角+虾皮 健胃补肾、理中益气 豆角+粳米 补肾健脾、除湿利尿	相克	豆角+茶 影响消化、导致便秘

 1.洗好的豆角切小段；洗净的西红柿对半切开，切成丁；洗好的鸡胸肉切粗丝，改切成丁。

 2.鸡肉丁中加1克盐、鸡粉、水淀粉、食用油，腌渍入味；锅中注水烧开，加食用油、1克盐、豆角，焯煮至断生捞出。

 3.用油起锅，倒入鸡肉丁，炒至变色，放入蒜末、葱段、豆角，炒匀，放入西红柿丁炒软。

 4.加入番茄酱、白糖、1克盐，炒匀调味，倒入水淀粉炒入味即可。

小贴士	鸡肉蛋白质含量高，而脂肪含量较低，还含有维生素A、维生素D、维生素B$_{12}$等营养成分，具有增强免疫力、强壮身体、补中益气、补精填髓、健脾胃等功效。

茄汁黄鱼

材料	黄鱼350克，彩椒45克，圆椒10克，姜末、葱花各少许	调料	盐3克，料酒8毫升，白糖2克，生粉、番茄酱、水淀粉、食用油各适量

相宜	黄鱼+乌梅　对大肠癌有疗效 黄鱼+竹笋　口感好且营养丰富	相克	黄鱼+羊油　加重肠胃负担 黄鱼+洋葱　降低蛋白质的吸收

 1.洗净的彩椒、圆椒切开，切成条形，再切成粒。

 2.处理干净的黄鱼切上花刀，装入盘中，撒上1克盐、料酒，涂抹均匀，腌渍10分钟至其入味。

 3.起油锅，将黄鱼裹上适量生粉，放入油锅中，炸至金黄色，捞出；锅底留油，放入姜末，爆香。

 4.倒入彩椒、圆椒、番茄酱炒匀，注入清水煮沸，加2克盐、白糖、水淀粉，调成味汁，浇在鱼身上，撒上葱花即可。

小贴士	黄鱼含有蛋白质、B族维生素、钙、磷、铁、碘、硒等营养成分，具有和胃止血、益肾补虚、健脾升胃、安神止痢等功效。

菠萝炒鸭丁

材料	鸭肉200克，菠萝肉180克，彩椒50克，姜片、蒜末、葱段各少许	调料	盐4克，鸡粉2克，蚝油5克，料酒6毫升，生抽8毫升，水淀粉、食用油各适量

相宜	鸭肉+白菜　促进血液中胆固醇的代谢 鸭肉+芥菜　滋阴润肺	相克	鸭肉+桃子　易引起恶心、呃逆

 1.将菠萝肉切成丁；洗净的彩椒切小块；洗好的鸭肉切小块，加生抽、料酒、盐、鸡粉、水淀粉，拌匀上浆。

 2.倒入食用油，腌渍入味；锅中注水烧开，加入食用油、菠萝丁、彩椒块，煮约半分钟，捞出。

 3.油爆姜片、蒜末、葱段，倒入鸭肉块，再淋入料酒，倒入焯煮好的食材，快速翻炒几下。

 4.加入蚝油、生抽、盐、鸡粉，炒至食材入味，倒入水淀粉勾芡即成。

小贴士　　鸭肉含有蛋白质、维生素E、铁、铜、锌等营养元素，有养胃滋阴、清虚热、利水消肿、增强免疫力的功效。

蒜烧黄鱼

材料	黄鱼400克，大蒜35克，姜片、葱段、香菜各少许

调料	盐3克，鸡粉2克，生抽8毫升，料酒8毫升，生粉35克，白糖3克，蚝油7克，老抽2毫升，水淀粉、食用油各适量

相宜	黄鱼+茼蒿	暖胃益脾，化气生肌
	黄鱼+西红柿	促进骨骼发育

相克	黄鱼+牛油	加重肠胃负担
	黄鱼+荞麦	易引起消化不良

 1.洗净的大蒜切成片；处理干净的黄鱼切上一字花刀，加1克盐、4毫升生抽、料酒，腌渍15分钟。

 2.黄鱼上均匀地撒上生粉，入油锅炸至金黄色，捞出；锅底留油，放入蒜片，加入姜片、葱段，爆香。

 3.加入清水，放入2克盐、鸡粉、白糖，淋入4毫升生抽，放入蚝油、老抽，拌匀，煮至沸。

 4.放入炸好的黄鱼煮入味，将黄鱼盛出，装入盘中，锅中淋入水淀粉，调成浓汤汁，浇在黄鱼上，放上香菜点缀即可。

小贴士	黄鱼含有多种维生素和微量元素，对人体有很好的滋补作用，能促进儿童新陈代谢，增强免疫力，从而提高抗病能力。

卤水鸡胗

材料	鸡胗250克，茴香、八角、白芷、白蔻、花椒、丁香、桂皮、陈皮各少许，姜片、葱结各适量	调料	盐3克，老抽4毫升，料酒5毫升，生抽6毫升，食用油适量
相宜	鸡胗+金针菇　增强记忆力 鸡胗+黑木耳　降压降脂	相克	鸡胗+糯米　引起身体不适、胃胀

 1.锅中注水烧热，倒入处理干净的鸡胗，汆煮约2分钟，捞出。

 2.用油起锅，倒入茴香、八角、白芷、白蔻、花椒、丁香、桂皮、陈皮以及姜片、葱结，爆香，淋入料酒、生抽，注入适量清水。

 3.倒入鸡胗，加入老抽、盐，拌匀，大火煮沸，转中小火卤约25分钟，至食材熟透。

 4.关火后夹出卤熟的菜肴，装在盘中，浇入少许卤汁，摆好盘即可。

小贴士　鸡胗含有蛋白质、维生素A、维生素C、维生素E、钙、磷、钾、锌、镁等元素，具有消食健胃、涩精止遗等作用。

薏米鳝鱼汤

材料	鳝鱼120克，水发薏米65克，姜片少许	调料	盐3克，鸡粉3克，料酒3毫升

相宜	鳝鱼+藕 鳝鱼+木瓜	可以保持体内酸碱平衡 营养更全面	相克	鳝鱼+南瓜 鳝鱼+黄瓜	会影响营养的吸收 降低营养

1.将处理干净的鳝鱼切成小块，加1克盐、1克鸡粉、料酒，抓匀，腌渍10分钟至入味。

2.汤锅中注入清水烧开，放入洗好的薏米，搅匀，烧开后用小火煮至薏米熟软。

3.放入鳝鱼，搅匀，再加入少许姜片，用小火续煮15分钟，至食材熟烂。

4.放入2克盐、2克鸡粉，拌匀调味，将煮好的粥盛出，装入碗中即可。

小贴士　　鳝鱼含有维生素A，可以增强视力，对夜盲症和视力减退有食疗作用，还有预防呼吸系统感染的作用。

虾仁四季豆

材料	四季豆200克，虾仁70克，姜片、蒜末、葱白各少许	调料	盐、鸡粉、料酒、水淀粉、食用油各适量

相宜	四季豆+香菇　保护眼睛、防癌 四季豆+花椒　促进骨骼成长	相克	四季豆+鱼　影响人体对钙的吸收

 1.四季豆切段；虾仁去除虾线，装碗，加盐、鸡粉、水淀粉、食用油，腌渍10分钟。

 2.锅中注水烧开，加食用油、盐，倒入四季豆，焯煮至断生，捞出。

 3.用油起锅，放入姜片、蒜末、葱白，爆香；倒入虾仁，拌炒匀。

 4.放入四季豆，炒匀；淋入料酒，炒香；加盐、鸡粉，炒匀调味；淋入水淀粉勾芡即可。

小贴士	四季豆含有多种氨基酸，经常食用能健脾利胃，增进食欲。夏季多食四季豆能消暑清热。

蚝油黄瓜蒸咸蛋

材料	黄瓜150克，咸蛋黄60克，葱花、蒜末各少许	调料	盐、鸡粉各2克，蚝油10克，芝麻油5毫升，水淀粉、食用油各适量

相宜	蛋黄+豆制品	促进B族维生素的吸收	相克	黄瓜+花菜	破坏维生素C
	黄瓜+豆腐	降低血脂		黄瓜+小白菜	降低营养价值

1.黄瓜切段，每段挖一个孔；咸蛋黄切碎，放入碗中，加蒜末、蚝油，拌匀。

2.取一盘，摆放好黄瓜段，在孔中填入咸蛋黄碎。

3.将黄瓜放入电蒸笼蒸11分钟，取出。

4.用油起锅，加盐、鸡粉、水淀粉、芝麻油，制成调味汁，浇在黄瓜上，撒上葱花即可。

小贴士　咸蛋黄含有蛋白质、卵磷脂、卵黄素、维生素、铁、钙、钾等营养成分，具有养心安神、增强免疫力、滋阴润燥等作用。与黄瓜搭配，具有增强免疫力、健脑益智的作用，是一道既营养又美味的佳品。

酱炒西葫芦

材料	西葫芦300克，黄豆酱25克，姜片、蒜片、葱段各少许	调料	盐2克，鸡粉少许，水淀粉、食用油各适量

相宜	西葫芦+鸡蛋　补充动物蛋白 西葫芦+洋葱　增强免疫力	相克	西葫芦+鱼腥草　影响脾胃功能

 1.将洗净的西葫芦切开，再斜刀切段，改切菱形片。

 2.油爆姜片、蒜片，倒入西葫芦，炒匀，加入黄豆酱，翻炒至食材断生。

 3.加盐、鸡粉，炒匀调味，注入少许清水，炒匀，至食材熟透。

 4.再用水淀粉勾芡，撒上葱段，炒出葱香味，盛出，装在盘中，摆好盘即可。

小贴士　西葫芦含有维生素C、胡萝卜素、瓜氨酸、腺嘌呤、糖分、钙等营养成分，具有清热利尿、除烦止渴、润肺止咳等功效。

酱爆猪肝

材料	猪肝500克，茭白250克，青椒20克，红椒20克，蒜末、葱白、姜末各少许，甜面酱20克	调料	盐2克，鸡粉1克，生抽3毫升，料酒、水淀粉各5毫升，老抽1毫升，芝麻油、食用油各适量

相宜	猪肝+松子　促进营养物质的吸收 猪肝+苦菜　清热解毒、补肝明目	相克	猪肝+山楂　破坏维生素C

1.将猪肝在清水中浸泡一小时，切薄片；洗净的青椒、红椒去子，切块；洗净的茭白去皮，切菱形片。

2.取一碗，倒入猪肝，加1克盐、生抽、料酒、2毫升水淀粉，腌渍入味；热锅注油，倒入猪肝炒熟软，盛出。

3.另起锅注油，倒入茭白炒断生，盛出；锅中续注油，倒入蒜末、姜末，炒拌，放入甜面酱，炒匀爆香。

4.倒入猪肝、茭白，放入红彩椒、青椒，炒拌，加入1克盐、鸡粉、老抽、3毫升水淀粉，炒匀，淋入芝麻油，倒入葱白，翻炒均匀即可。

小贴士	猪肝含有蛋白质、维生素A、维生素C、磷、铁、锌等营养成分，具有增强免疫力、改善缺铁性贫血、保护视力等功效。

鱼香土豆丝

材料	土豆200克，青椒40克，红椒40克，葱段、蒜末各少许	调料	豆瓣酱15克，陈醋6毫升，白糖2克，盐、鸡粉、食用油各适量

相宜	土豆+黄瓜　有利身体健康 土豆+豆角　除烦润燥	相克	土豆+香蕉　引起面部生斑 土豆+柿子　导致消化不良

1.洗净去皮的土豆切片，再切成丝；洗好的红椒、青椒切成段，再切开，去籽，改切成丝，备用。

2.用油起锅，放入蒜末、葱段，爆香，倒入土豆丝、青椒丝、红椒丝，快速翻炒均匀。

3.加入豆瓣酱、盐、鸡粉，再放入白糖，淋入陈醋。

4.快速翻炒均匀，至食材入味，盛出炒好的土豆丝，装入盘子即可。

小贴士　土豆含有多种氨基酸、矿物质、维生素等，还含有丰富的膳食纤维，具有和胃调中、健脾利湿、解毒消炎、宽肠通便、益气强身等功效。

鲜菇蒸虾盏

<table>
<tr><td>材料</td><td>鲜香菇70克，虾仁60克，香菜叶少许</td><td>调料</td><td>盐3克，鸡粉2克，胡椒粉少许，生粉12克，黑芝麻油4毫升，水淀粉、食用油各适量</td></tr>
</table>

相宜		相克	
香菇+猪肉	促进消化	香菇+鹌鹑	不利于健康
香菇+木瓜	减脂降压	香菇+螃蟹	可能引起结石

 1.将虾仁挑去虾线，剁成虾泥，加盐、鸡粉、胡椒粉、水淀粉，搅拌至起劲，制成虾胶；把洗净的香菜叶浸在清水中待用。

 2.锅中注水烧开，放入盐，倒入香菇，煮至食材断生，捞出，放在盘中，撒上生粉拍匀，放上少许虾胶，抹匀。

 3.再摆上香菜叶，制成虾盏，放在蒸盘中，上蒸锅用大火蒸约3分钟至食材熟透，取出。

 4.用油起锅，注入清水烧热，加盐、鸡粉煮沸，倒入水淀粉，快速拌匀，再淋入黑芝麻油，制成味汁，浇在虾盏上即成。

小贴士　香菇味道鲜美，香气沁人，含有B族维生素、铁、钾、维生素D等营养成分，能促进人体新陈代谢，提高机体适应力。儿童食用香菇，还能提高食欲，促进消化。

鲜虾豆腐蒸蛋羹

材料	豆腐260克，虾仁8只，葱花3克，鸡蛋液2个，清水100毫升	**调料**	盐3克，料酒5毫升，香油5毫升，生抽10毫升

相宜	虾仁+燕麦　有利牛磺酸的合成 虾仁+葱　　益气、下乳	**相克**	虾仁+西瓜　降低免疫力

1.将洗净的豆腐切小方块；把洗好的虾仁装在碗中，淋上料酒，加入1克盐、香油，拌匀，腌渍一会儿。

2.将鸡蛋液装入小碗中，注入清水，撒上余下的盐，搅散，制成蛋液，待用。

3.取一蒸盘，放入豆腐块，倒入调好的蛋液，放入腌好的虾仁，摆好造型。

4.备好电蒸锅，烧开水后放入蒸盘，蒸至食材熟透，取出蒸盘，趁热淋入生抽，撒上葱花即可。

小贴士	豆腐含有蛋白质、叶酸、烟酸以及铁、镁、钾、铜、钙、锌等营养成分，具有益气和中、生津润燥、清热解毒等功效。

鳕鱼土豆汤

材料 鳕鱼肉150克，土豆75克，胡萝卜60克，豌豆45克，肉汤1000毫升

调料 盐2克

相宜
土豆+黄瓜　有利身体健康
土豆+豆角　除烦润燥

相克
土豆+香蕉　引起面部生斑
土豆+柿子　导致消化不良

1.锅中注水烧开，倒入洗净的豌豆，煮约2分钟，捞出，沥干水分，装入盘中，放凉待用。

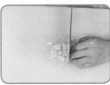
2.将放凉的豌豆切开；把洗净的胡萝卜切成小丁块；洗净去皮的土豆切成小丁块。

3.洗好的鳕鱼肉去除鱼骨、鱼皮，再把鱼肉碾碎，剁成细末；锅置于火上烧热，倒入肉汤，用大火煮沸。

4.倒入胡萝卜、土豆、豌豆，放入鳕鱼肉，煮至食材熟透，加入盐调味，煮至入味即可。

小贴士
鳕鱼含有蛋白质、维生素A、维生素D、维生素E、磷、钠、铁等营养成分，具有益气补血、保护心脑血管系统等功效。

鸭血鲫鱼汤

材料	鲫鱼400克，鸭血150克，姜末、葱花各少许	调料	盐2克，鸡粉2克，水淀粉4毫升，食用油适量

相宜	鲫鱼+黑木耳　润肤抗老 鲫鱼+花生　　利于营养吸收	相克	鲫鱼+葡萄　产生强烈刺激 鲫鱼+芥菜　引起水肿

 1.将处理干净的鲫鱼剖开，切去鱼头，去除鱼骨，片下鱼肉，装入碗中，备用。

 2.把鸭血切成片；在鱼肉中加入1克盐、鸡粉，拌匀，淋入水淀粉，搅拌匀，腌渍片刻，备用。

 3.锅中注入适量清水烧开，加入1克盐，倒入姜末，放入鸭血，拌匀，加入食用油，搅拌匀。

 4.放入腌好的鱼肉，煮至熟透，撇去浮沫，把煮好的汤料盛出，装入碗中，撒上葱花即可。

小贴士	鲫鱼含有蛋白质、维生素A、B族维生素、钙、磷、铁等营养成分，具有增强机体免疫力、促进智力发育、健脾开胃等功效。

香芋焖鱼

| 材料 | 净鲫鱼300克，芋头180克，椰浆220毫升，姜片、红枣、枸杞各少许 | 调料 | 盐3克，食用油适量 |

| 相宜 | 芋头+红枣　补血养颜
芋头+牛肉　防治食欲不振 | 相克 | 芋头+香蕉　引起腹胀 |

1.洗净的芋头切成小方块。

2.鲫鱼切一字花刀，装盘，撒上1克盐，抹匀，腌渍10分钟。

3.用油起锅，放入鲫鱼，中火煎至两面断生；撒上姜片，倒入芋头块，注入椰浆，大火煮沸。

4.倒入红枣、枸杞，倒入清水，加2克盐，盖上盖，烧开后转小火焖10分钟；揭盖，转大火收汁即可。

| 小贴士 | 芋头含有膳食纤维、淀粉、维生素C、维生素E、钾、钠、钙、镁、铁、锰、锌、硒等营养成分，具有开胃生津、消炎镇痛、补气益肾等功效。 |

蓝莓牛奶西米露

材料	西米70克，蓝莓50克，牛奶90毫升	调料	白糖6克

相宜	蓝莓+牛奶　壮骨、提高免疫力 蓝莓+葡萄　促进消化	相克	蓝莓+钙片　影响钙质吸收

 1.砂锅中注入适量清水烧开，倒入备好的西米，搅拌匀。

 2.盖上盖，煮沸后用小火煮约15分钟，至米粒变软。

 3.揭盖，倒入备好的牛奶，轻轻搅拌一会儿，加入白糖，搅拌匀。

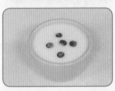 4.用大火续煮一会儿，至糖分溶化，关火后盛出煮好的西米露，装入汤碗中，撒上蓝莓即成。

小贴士　蓝莓含有维生素C、维生素E、糖类、钙、铁、磷、钾、锌等营养成分，能强化毛细血管，改善血液循环，对儿童长高很有帮助。

虾仁炒豆角

材料	虾仁60克，豆角150克，红椒10克，姜片、蒜末、葱段各少许	调料	盐3克，鸡粉2克，料酒4毫升，水淀粉、食用油各适量

相宜	豆角+粳米　　补肾健脾、除湿利尿 豆角+黑木耳　降糖、降压、降血脂	相克	豆角+茶　影响消化、导致便秘

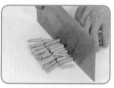

1.豆角切段；红椒切条；虾仁去除虾线，放在碗中，加盐、鸡粉、水淀粉、食用油，腌渍10分钟。

2.锅中注水烧开，加食用油、盐，倒入豆角，煮至断生，捞出。

3.用油起锅，放入姜片、蒜末、葱段，爆香；倒入红椒、虾仁，翻炒几下；淋入料酒，炒至变色。

4.倒入豆角，翻炒匀；加鸡粉、盐，炒匀调味；注入少许清水，收拢食材，略煮一会儿；淋入水淀粉勾芡即可。

小贴士	常吃豆角能使人头脑清晰，有解渴健脾、益气生津的功效。此外，豆角还含有维生素C，有助人体抗体的合成。

紫菜生蚝汤

材料	紫菜5克，生蚝肉150克，葱花、姜末各少许	调料	盐2克，鸡粉2克，料酒5毫升

相宜	生蚝+青椒　提高食欲 生蚝+菜心　促进营养吸收	相克	生蚝+葡萄　易引起肠胃不适 生蚝+柿子　易引起肠胃不适

 1.锅中注水烧开，倒入生蚝肉，淋入料酒，略煮一会儿，捞出。

 2.另起锅注水烧开，倒入备好的生蚝、姜末、紫菜。

 3.加入盐、鸡粉，拌至均匀。

 4.略煮片刻至食材入味，盛入碗中，撒上葱花即可。

小贴士　生蚝含有蛋白质、牛磺酸及多种维生素、矿物质，具有滋阴养血、增强免疫力、宁心安神、健脑益智等功效。

丝瓜虾皮猪肝汤

材料	丝瓜90克，猪肝85克，虾皮12克，姜丝、葱花各少许	调料	盐3克，鸡粉3克，水淀粉2毫升，食用油适量

相宜	猪肝+苦菜　清热解毒、补肝明目 猪肝+榛子　有利钙的吸收	相克	猪肝+山楂　破坏维生素C 猪肝+荞麦　影响消化

 1.将去皮洗净的丝瓜对半切开，切成片；洗好的猪肝切成片。

 2.把猪肝片装入碗中，放1克盐、1克鸡粉、水淀粉，拌匀，再淋入少许食用油，腌渍10分钟。

 3.锅中注油烧热，放入姜丝，爆香，再放入虾皮，快速翻炒出香味，倒入适量清水，用大火煮沸。

 4.倒入丝瓜，加2克盐、1克鸡粉拌匀，放入猪肝，搅散煮沸，将锅中汤料盛出，再将葱花撒入汤中即可。

小贴士	猪肝含有丰富的蛋白质、维生素A及铁、锌、铜、磷等成分，可调节和改善贫血病人造血系统的生理功能，具有维持正常生长和生殖功能的用处，还可以保护眼睛，维持正常视力。

丝瓜虾皮瘦肉汤

材料	去皮丝瓜180克，瘦肉200克，蛋液30毫升，虾皮25克，姜片少许	**调料**	盐2克，鸡粉、胡椒粉各3克，料酒、芝麻油各5毫升，水淀粉适量

相宜	瘦肉+芋头 肉+红薯	可滋阴润燥、养胃益气 降低胆固醇	**相克**	瘦肉+田螺 瘦肉+茶	容易伤肠胃 易引发恶心、腹痛

1.洗净去皮的丝瓜切段，改切成片；洗好的瘦肉切片，改切成丝。

2.取一碗，放入瘦肉丝，加入1克盐、胡椒粉、料酒、水淀粉，腌渍10分钟，待用。

3.锅中注入清水烧开，倒入姜片、丝瓜、瘦肉丝、虾皮，拌匀，加入1克盐、鸡粉。

4.倒入蛋液，煮至呈花状，关火后淋入芝麻油，搅拌片刻至入味，盛出煮好的汤，装入碗中即可。

小贴士	瘦肉含有蛋白质、脂肪、维生素A、维生素E、钾、钙、镁、锌等成分，具有补肾养血、滋阴润燥、增强免疫力等功效。

五彩蕨菜

材料	蕨菜120克，豆腐干100克，鲜香菇80克，竹笋100克，青椒40克，红椒30克，蒜末、姜末、葱段各少许	**调料**	料酒5毫升，盐3克，鸡粉2克，生抽4毫升，水淀粉3毫升，食用油适量

相宜	蕨菜+猪肉　　开胃消食 蕨菜+豆腐干　滋阴润燥、和胃补肾	**相克**	蕨菜+花生　降低营养价值

 1.洗净的豆腐干切成条；洗净的香菇去蒂，切成片；择洗好的蕨菜切成段；处理好的竹笋切成片。

 2.洗净的红椒、青椒切开，去子，切成小块；锅中注油烧热，倒入豆腐干，滑油至金黄色，捞出，沥干油分。

 3.锅中注水烧开，加入1克盐，倒入竹笋、青椒、蕨菜、红椒，焯煮断生，捞出沥干。

 4.油爆姜末、葱段、蒜末，倒入焯好的食材，加入豆腐干，淋入料酒，放入2克盐、鸡粉、生抽，翻炒调味，倒入水淀粉，翻炒收汁即可。

小贴士	竹笋含有膳食纤维、维生素C、糖类、钙、磷、铁、胡萝卜素等成分，具有清肠刮油、清热化痰、益气和胃等功效。

小米洋葱蒸排骨

材料	水发小米200克，排骨段300克，洋葱丝35克，姜丝少许	调料	盐3克，白糖、老抽各少许，生抽3毫升，料酒6毫升

相宜	排骨+西洋参　滋养生津 排骨+洋葱　抗衰老	相克	排骨+苦瓜　阻碍钙质吸收

 1.把洗净的排骨段装碗中，放入洋葱丝，撒上姜丝，搅拌匀。

 2.再加入盐、白糖，淋上适量料酒、生抽、老抽，拌匀。

 3.倒入洗净的小米，搅拌一会儿，把拌好的材料转入蒸碗中，腌渍约20分钟，待用。

 4.蒸锅上火烧开，放入蒸碗，用大火蒸至食材熟透，取出蒸好的菜肴，稍微冷却后食用即可。

小贴士　排骨营养丰富，含有蛋白质、B族维生素、骨胶原、骨粘连蛋白以及铁、钙、锌、镁、钾等营养物质，具有补钙、滋阴壮阳、益精补血等功效。

板栗花生瘦肉汤

材料	瘦肉200克，板栗肉65克，花生米120克，胡萝卜80克，玉米160克，香菇30克，姜片、葱段各少许	**调料**	盐少许

相宜	猪肉+红薯　降低胆固醇 猪肉+莴笋　补脾益气	**相克**	猪肉+茶　容易造成便秘

1. 将去皮洗净的胡萝卜切滚刀块；洗好的玉米斩成小块；洗净的瘦肉切条形，再切块。

2. 锅中注水烧开，倒入瘦肉块，拌匀，氽煮一会儿，去除血渍后捞出，沥干水分，待用。

3. 砂锅中注水烧热，倒入肉块，放入胡萝卜块，倒入洗净的花生米、板栗肉、玉米。

4. 撒上洗净的香菇，倒入姜片、葱段，拌匀、搅散，煮至食材熟透，加盐拌匀，略煮至汤汁入味即可。

小贴士　板栗含有蛋白质、淀粉、维生素B_1、维生素B_2、维生素C和磷、钾、镁、铁、锌、硼等多种矿物质，具有益气、补肾、壮腰、强筋、止血等功效。

椒盐沙丁鱼

材料	沙丁鱼400克，青椒15克，红椒10克，姜末、蒜末、洋葱粒各少许	调料	椒盐4克，胡椒粉2克，生粉、食用油各适量

相宜	彩椒+苦瓜　　美容养颜 彩椒+空心菜　降压止痛	相克	彩椒+黄瓜　破坏维生素

 1.将洗净的青椒、红椒切开，再切成细丝，改切成粒；洗净的沙丁鱼切去头尾，去除内脏。

 2.热锅注油，烧至七成热，将沙丁鱼裹上生粉，放入油锅中炸至金黄色，捞出沙丁鱼，沥干油。

 3.锅置火上，放入姜末、蒜末、洋葱粒，炒匀，倒入青椒，炒匀。

 4.放入炸好的沙丁鱼，炒香，撒上椒盐、胡椒粉，炒匀即可。

小贴士　青椒含有膳食纤维、维生素C、辣椒素、铁、铜、钙等营养成分，具有刺激唾液和胃液分泌、增进食欲、帮助消化、预防便秘等功效。

湘西腊肉炒蕨菜

材料	腊肉200克，蕨菜240克，干辣椒、八角、桂皮各适量，姜末、蒜末各少许	调料	盐2克，鸡粉2克，生抽4毫升，食用油适量

相宜	蕨菜+猪肉　　开胃消食 蕨菜+豆腐干　滋阴润燥、和胃补肾	相克	蕨菜+花生　降低营养价值

1.将腊肉切成片；洗净的蕨菜切成段。

2.锅中注水烧开，放入腊肉，氽去多余盐分，把腊肉捞出，沥干水分，待用。

3.用油起锅，放入八角、桂皮，炒香，放入干辣椒、姜末、蒜末，炒匀，倒入腊肉，炒香。

4.放生抽，加入蕨菜，炒匀，加适量清水，放盐，中火焖5分钟，放鸡粉，炒匀即可。

小贴士　蕨菜含有维生素C、维生素E、糖类、膳食纤维、脂肪、胡萝卜素以及多种矿物质，具有清热、健胃、化痰等作用。

猪大骨海带汤

材料	猪大骨1000克，海带结120克，姜片少许	调料	盐2克，鸡粉2克，白胡椒粉2克

相宜	海带+猪肉　除湿 海带+豆腐　补碘	相克	海带+猪血　引起便秘 海带+咖啡　降低机体对铁的吸收

1.锅中注水大火烧开，倒入猪大骨，搅匀，汆煮去杂质，将猪大骨捞出，沥干水分，待用。

2.摆上电火锅，倒入猪大骨，放入海带结、姜片，注入适量清水，搅匀。

3.盖上锅盖，调旋钮至高档，煮沸后，调旋钮到中低档，煮100分钟。

4.掀开锅盖，加入盐、鸡粉、白胡椒粉，搅拌片刻，煮至食材入味，切断电源后将汤盛出装入碗中即可。

小贴士　海带结含有膳食纤维、维生素C、维生素B$_2$、糖类等成分，具有利尿消肿、延缓衰老、美容减肥等功效。

玉米笋焖排骨

材料	排骨段270克，玉米笋200克，胡萝卜180克，姜片、葱段、蒜末各少许	调料	盐3克，鸡粉2克，蚝油7毫升，生抽5毫升，料酒6毫升，水淀粉、食用油各适量

相宜	胡萝卜+香菜　　开胃消食 胡萝卜+绿豆芽　排毒瘦身	相克	胡萝卜+橘子　　降低营养价值 胡萝卜+柠檬　　破坏维生素C

 1.将洗净的玉米笋切段；洗净的胡萝卜切成小块；锅中注水烧开，放入玉米笋、胡萝卜，煮断生后捞出。

 2.沸水锅中再倒入洗净的排骨段，煮约半分钟，去除血渍，捞出；油爆姜片、蒜末、葱段。

 3.倒入排骨段炒干水汽，淋入料酒，加盐、鸡粉、蚝油、生抽炒透，倒入玉米笋、胡萝卜，炒匀。

 4.注入清水，烧开后用小火焖煮至食材熟透，倒入水淀粉，翻炒至食材入味即可。

小贴士	玉米笋气味清香，口感甜脆，含有较多的维生素C、蛋白质及铁、钙、磷、锌等营养物质，有增强机体免疫力、促进新陈代谢的作用，可经常食用。

紫菜马蹄豆腐汤

材料	水发紫菜80克，马蹄肉200克，豆腐200克，姜片、香菜各少许	调料	盐2克，鸡粉2克，料酒、胡椒粉、食用油各适量

相宜	马蹄+核桃仁　有利于消化 马蹄+黑木耳　补气强身、益胃助食	相克	马蹄+牛肉　易伤脾胃 马蹄+羊肉　易伤脾胃

 1.将洗净的豆腐切成条，再切成块；洗净的马蹄肉切成片，备用。

 2.用油起锅，放入姜片，爆香，淋入料酒，注入清水烧开，倒入备好的马蹄、豆腐，煮约3分钟。

 3.加入盐、鸡粉，放入紫菜，煮约1分钟。

 4.撒入胡椒粒，拌匀，盛出煮好的汤料，装入碗中，撒入香菜即可。

小贴士　紫菜含有胆碱、多糖、碘、钙、铁等营养成分，具有增强免疫力、降血压、降血脂等功效。

红烧鱼鳔

材料	鱼鳔160克，彩椒35克，鲜香菇25克，姜片、葱段各少许	调料	老抽3毫升，盐、鸡粉各2克，料酒12毫升，白醋4毫升，生抽5毫升，水淀粉、食用油各适量

相宜	香菇+牛肉　补气养血 香菇+猪肉　促进消化	相克	香菇+鹌鹑蛋　同食面生黑斑 香菇+螃蟹　引起结石

 1.香菇切粗条；彩椒切块。

 2.锅中注水烧开，放入鱼鳔，淋入6毫升料酒、白醋，汆去血水，捞出。

 3.用油起锅，倒入姜片、葱段，爆香；放入香菇、鱼鳔、6毫升料酒、生抽、清水、老抽、盐，拌匀，盖上盖，焖煮15分钟。

 4.揭盖，转大火收汁；放入彩椒，炒至断生；加鸡粉，炒香；用水淀粉勾芡即可。

小贴士　香菇含B族维生素、维生素D、膳食纤维、铁、钾、钙、磷等营养成分，具有增强免疫力、降血压、健脾胃等功效。

胡萝卜板栗炖羊肉

| **材料** | 胡萝卜50克，板栗肉20克，羊肉块80克，香叶、八角、桂皮、葱段、大蒜籽、姜块各适量 | **调料** | 盐3克，生抽6毫升，鸡粉2克，水淀粉4毫升，白酒10毫升，食用油适量 |

| **相宜** | 胡萝卜+香菜　开胃消食
胡萝卜+绿豆芽　排毒瘦身 | **相克** | 胡萝卜+醋　降低营养价值 |

1.洗净去皮的胡萝卜切滚刀块；备好的板栗肉对半切开。

2.油爆葱段、姜块、大蒜籽，倒入处理好的羊肉，翻炒至转色，倒入白酒，翻炒片刻去腥。

3.放入八角、桂皮、香叶，炒香，注入清水，煮开后转中火煮35分钟，倒入切好的板栗、胡萝卜。

4.放入盐、生抽，搅匀调味，续煮至入味，将香料捡出，放入鸡粉、水淀粉，搅拌勾芡即可。

小贴士　板栗含有淀粉、膳食纤维、糖类、钙、磷、铁、维生素等成分，具有健脾养胃、补肾华发、美容养颜等功效。

芝麻带鱼

| 材料 | 带鱼140克，熟芝麻20克，姜片、葱花各少许 | 调料 | 盐3克，鸡粉3克，生粉7克，生抽4毫升，水淀粉、辣椒油、老抽、料酒、食用油各适量 |

| 相宜 | 带鱼+豆腐　营养更全面
带鱼+苦瓜　保护肝脏 | 相克 | 带鱼+菠菜　不利于营养物质的吸收
带鱼+南瓜　易对身体不利 |

 1. 把处理干净的带鱼鳍剪去，再切成小块，加姜片、盐、鸡粉、生抽、料酒、生粉，拌匀，腌渍入味。

 2. 热锅注油，放入带鱼块，炸至金黄色，捞出；锅底留油，倒入少许清水，淋入适量辣椒油。

 3. 加盐、鸡粉、生抽，拌匀煮沸，倒入水淀粉，调成浓汁，淋入老抽，炒匀上色。

 4. 放入带鱼块，炒匀，撒入葱花，炒出葱香味，盛出炒好的带鱼，装入盘中，撒上熟芝麻即可。

| 小贴士 | 带鱼含有蛋白质、不饱和脂肪酸、B族维生素、钙、磷、铁、镁、碘、锌等营养成分，有助于儿童骨骼和牙齿正常发育。 |

芝麻魔芋拌豆腐

材料	老豆腐100克，魔芋150克，小白菜70克，水发木耳80克，胡萝卜90克，白芝麻10克，蒜末、葱花各少许	调料	胡椒粉2克，盐2克，鸡粉2克，白糖3克，生抽4毫升，陈醋2毫升，芝麻油3毫升，食用油适量
相宜	魔芋+猪肉　营养全面、滋阴润燥 魔芋+鸭肉　清热除烦	相克	魔芋+土豆　影响营养吸收

1.择洗好的小白菜切成段；魔芋切成条；洗净去皮的胡萝卜切成条；用刀将豆腐压成泥状。

2.锅中注水烧开，加入食用油，倒入洗净的木耳、胡萝卜，搅匀煮沸，再加入小白菜、魔芋，略煮片刻，盛出装碗。

3.把豆腐泥倒入碗中，倒入汆煮过的食材，加入陈醋、芝麻油、胡椒粉、盐、鸡粉、白糖、生抽，搅拌匀。

4.加入备好的蒜末、葱花，搅拌均匀，将拌好的食材装入碗中，撒上白芝麻即可。

小贴士　小白菜含有粗纤维、维生素C以及钙、磷、铁、镁等营养元素，具有促进骨骼发育、预防便秘、生血补血、防止皮肤粗糙及色素沉着等作用。

菠菜牛奶碎米糊

材料	菠菜80克，牛奶100毫升，大米65克	调料	盐少许

相宜	菠菜+猪肝　防治贫血 菠菜+胡萝卜　保持心血管畅通	相克	菠菜+牛肉　降低营养价值 菠菜+鳝鱼　易引起腹泻

1.锅中加水烧开，放入洗好的菠菜，煮至熟软，捞出。

2.取榨汁机，选择搅拌刀座组合，将菠菜放入杯中，倒入清水，将菠菜榨出汁，倒入碗中，备用。

3.选干磨刀座组合，将大米放入杯中，将大米磨成米碎，盛入碗中。

4.锅置火上，倒入菠菜汁煮沸，加入牛奶、米碎，用勺子持续搅拌，煮成浓稠的米糊，调入少许盐即可。

小贴士　菠菜含有丰富的铁、钙、纤维素、维生素等成分。幼儿生长发育需要较多钙，钙不足就会影响骨骼、牙齿发育。小儿适量食用菠菜能补钙，还可防止缺铁性贫血。

蒸鱼蓉鹌鹑蛋

<table>
<tr><td>材料</td><td>熟鹌鹑蛋300克，鱼茸150克，蛋清25克，葱花、姜末各少许</td><td>调料</td><td>盐3克，料酒5毫升，水淀粉4毫升，白胡椒粉、鸡粉各适量</td></tr>
</table>

相宜	鹌鹑蛋+小麦　治疗神经衰弱 鹌鹑蛋+牛奶　营养全面	相克	鹌鹑蛋+猪肝　影响营养吸收

1.取一个碗，倒入鱼茸、姜末、葱花、蛋清，加入1克盐、白胡椒粉、2毫升水淀粉，搅拌匀。

2.取一个蒸盘，将鱼茸抓成多个团状，摆放在盘底，放上鹌鹑蛋，待用。

3.蒸锅上火烧开，放入蒸盘，中火蒸10分钟至熟，将蒸盘取出。

4.锅中注入清水，加2克盐、鸡粉、白胡椒粉，淋入料酒，倒入2毫升水淀粉，搅匀调成芡汁，浇入盘内即可。

小贴士　鹌鹑蛋含蛋白质、脑磷脂、卵磷脂、赖氨酸、维生素A等成分，具有增强免疫力、促进发育等功效。

402

芦荟猪骨汤

| 材料 | 芦荟40克，猪骨300克，姜片少许 | 调料 | 盐2克，鸡粉2克，料酒4毫升 |

| 相宜 | 芦荟+黑木耳　美容养颜
芦荟+葱　　　补脾健胃 | 相克 | 芦荟+牛肚　不利于吸收 |

 1.洗净的芦荟切去两侧的毛刺；把清理好的芦荟切成块。

 2.锅中注水烧开，倒入洗净的猪骨，搅匀，煮2分钟，汆去血水，捞出，沥干水分。

 3.砂锅中注水烧开，倒入猪骨，放入姜片，淋入料酒，倒入芦荟，用小火煮至猪骨熟透。

 4.加入盐、鸡粉，搅拌均匀，调味，关火后把煮好的汤料盛出，装入碗中即可。

小贴士　芦荟含有较多的铬元素，具有类似胰岛素的作用，能调节体内的血糖代谢。中医认为，芦荟有泻下、清肝明目的功效，对小儿健康成长有利。

虾皮炒冬瓜

材料	冬瓜170克，虾皮60克，葱花少许	调料	料酒、水淀粉各少许，食用油适量

相宜	虾皮+燕麦　有利牛磺酸的合成 虾皮+葱　　益气、下乳	相克	虾皮+西瓜　降低免疫力 虾皮+苦瓜　影响吸收

 1.将洗净去皮的冬瓜切片，再切粗丝，改切成小丁块，备用。

 2.锅内倒入适量食用油，放入虾皮，拌匀，淋入少许料酒，炒匀提味。

 3.放入冬瓜，炒匀，注入少许清水，翻炒匀，盖上锅盖，用中火煮3分钟至食材熟透。

 4.揭开锅盖，倒入少许水淀粉，翻炒均匀，盛出炒好的食材，装入盘中，撒上葱花即可。

小贴士　冬瓜含有蛋白质、糖类、胡萝卜素、维生素、粗纤维和钙、磷、铁等营养成分，有清热解毒、利尿消炎等功效。

鲜虾葫芦瓜

材料	葫芦瓜200克，虾仁70克，姜末、葱段各少许	调料	盐2克，鸡粉2克，芝麻油4毫升，水淀粉4毫升，食用油适量

相宜	虾仁+韭菜　治夜盲、干眼、便秘 虾仁+白菜　增强机体免疫力	相克	虾仁+西红柿　降低营养 虾仁+花菜　引起身体不适

1.葫芦瓜切片。

2.锅中注水烧开，倒入虾仁，汆煮至虾身弯曲，捞出。

3.热锅注油烧热，倒入姜末，爆香；倒入虾仁，翻炒片刻；倒入葫芦瓜，翻炒匀。

4.注入清水，加盐、鸡粉，翻炒入味；倒入葱段，炒匀；淋上水淀粉、芝麻油，翻炒片刻即可。

小贴士

　　虾仁含有膳食纤维、叶酸、泛酸、胡萝卜素、钠、钾、镁、铁、锌等营养元素，具有补肾壮阳、健胃、红润肤色等作用。

孜然卤香排骨

| 材料 | 排骨段400克，青椒片20克，红椒片25克，姜块30克，蒜末15克，香叶、桂皮、八角、香菜末各少许 | 调料 | 盐2克，鸡粉3克，孜然粉4克，料酒、生抽、老抽、食用油各适量 |

| 相宜 | 排骨+西洋参　滋养生津
排骨+洋葱　抗衰老 | 相克 | 排骨+苦瓜　阻碍钙质吸收 |

1.锅中注水烧开，倒入排骨段，汆煮片刻，捞出沥干。

2.用油起锅，放入香叶、桂皮、八角、姜块，炒匀，倒入排骨段，炒匀。

3.加入料酒、生抽，注入清水，加入老抽、盐，拌匀，大火烧开后转小火煮至食材熟透。

4.倒入青椒片、红椒片，加入鸡粉、孜然粉，炒匀，倒入蒜末、香菜末，炒匀，挑出香料及姜块即可。

小贴士　排骨含有钾、磷、钠、镁、胆固醇、蛋白质、脂肪、维生素B$_1$、维生素E及烟酸等营养成分，具有益气补血、滋阴壮阳、增强免疫力等功效。

酱香花甲

材料	花甲600克，豆豉15克，海鲜酱40克，蒜末、葱段各少许	调料	盐2克，白糖2克，鸡粉2克，料酒4毫升，生抽3毫升，水淀粉5毫升，食用油适量

相宜	花甲+豆腐　　补气养血、美容养颜 花甲+绿豆芽　清热解暑、利水消肿	相克	花甲+马蹄　　降低营养价值 花甲+大豆　　破坏维生素B_1

 1.用油起锅，放入蒜末、豆豉、爆香。

 2.倒入洗净的花甲，翻炒均匀，淋入料酒，加生抽，炒匀、炒香。

 3.放入海鲜酱，翻炒均匀，放盐、白糖、鸡粉，炒匀调味，用大火焖约1分钟。

 4.放入葱段，放水淀粉勾芡，将炒好的菜肴盛出装盘即可。

小贴士	花甲含有蛋白质、矿物质、维生素、氨基酸和牛磺酸等多种成分，具有清热、利湿、化痰、强壮骨骼等作用。

醋熘南瓜片

材料	南瓜200克，红椒、蒜末各适量	调料	盐2克，鸡粉2克，白醋5毫升，白糖、食用油各适量

相宜	南瓜+猪肉　预防糖尿病 南瓜+山药　提神补气	相克	南瓜+螃蟹　可能导致腹痛、腹泻 南瓜+菠菜　降低营养价值

 1.将南瓜切片；红椒切条。

 2.用油起锅，倒入蒜末，爆香，炒匀。

 3.倒入切好的南瓜、红椒，翻炒匀。

 4.加盐、鸡粉、白糖，炒匀调味；淋入白醋，快速翻炒均匀即可。

小贴士　　南瓜含有铬、镍、膳食纤维、胡萝卜素、维生素C等成分，具有促进食欲、降低血糖、抗癌防癌等功效。南瓜中含有的果胶还可以保护胃肠道黏膜，使其免受粗糙食品的刺激，促进溃疡愈合。

醋香胡萝卜丝

材料	胡萝卜240克，包菜70克，熟白芝麻少许	调料	盐2克，鸡粉2克，白糖3克，生抽3毫升，陈醋3毫升，亚麻籽油适量

相宜	包菜+木耳　健胃补脑 包菜+猪肉　补充营养，通便	相克	包菜+黄瓜　降低营养价值 包菜+肝脏　损失营养成分

 1.将洗净的包菜切丝；洗净的胡萝卜切片，改切丝。

 2.锅中注入清水烧开，放入1克盐、亚麻籽油。

 3.倒入胡萝卜丝，加入包菜丝，搅拌，煮约半分钟，将食材捞出，沥干水分。

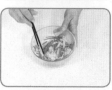 4.将胡萝卜丝、包菜丝装入碗中，加1克盐、鸡粉、白糖、生抽、陈醋、亚麻籽油，拌匀装盘，撒上白芝麻即可。

小贴士　亚麻籽油含有亚麻酸、维生素E以及钙、锰、锌、钾、镁、铁等矿物质，具有增强免疫力、健脑益智等作用。

香菇蒸鹌鹑蛋

材料	鲜香菇7朵，鹌鹑蛋7个，枸杞2克，葱花2克	调料	盐2克，蒸鱼豉油8毫升

相宜	香菇+牛肉　补气养血 香菇+猪肉　促进消化	相克	香菇+螃蟹　引起结石

 1.将洗净的香菇去除菌柄，铺放在蒸盘中，摆开，再打入鹌鹑蛋。

 2.撒上盐，点缀上洗净的枸杞，待用。

 3.备好电蒸锅，烧开水后放入蒸盘，盖上盖，蒸约20分钟，至食材熟透。

 4.断电后揭盖，取出蒸盘，趁热淋上蒸鱼豉油，撒上葱花即可。

小贴士　　鹌鹑蛋含有蛋白质、维生素A、维生素E、维生素B，以及钾、钠、镁、锰、锌等营养成分，具有美容、护肤、补虚、强身等作用。此外，鹌鹑蛋中还含有卵磷脂成分，对大脑发育、强壮筋骨等都有较好的补益作用。

香菇螺片粥

材料	上海青180克，水发大米250克，香菇20克，水发螺片80克	调料	盐2克，鸡粉2克

相宜	香菇+牛肉　补气养血 香菇+猪肉　促进消化	相克	香菇+螃蟹　引起结石

 1.将洗好的上海青切碎；洗净的螺片用斜刀切成片；洗好的香菇去蒂，切成条，待用。

 2.砂锅中注入适量清水，用大火烧热，倒入备好的大米、螺片、香菇。

 3.盖上锅盖，煮开后转中火煮30分钟，揭开锅盖，倒入上海青，续煮5分钟。

 4.再加入盐、鸡粉，搅匀调味，关火后将煮好的粥盛入碗中即可。

小贴士	香菇含有蛋白质、B族维生素、叶酸、膳食纤维、铁、钾等营养成分，具有增强免疫力、保护肝脏、帮助消化等功效。

肉末炒青菜

材料	上海青100克，肉末80克	调料	盐1克，料酒、生抽、食用油各适量

相宜	上海青+虾仁 促进钙吸收 上海青+豆腐 止咳平喘，增强免疫力	相克	上海青+黄瓜 破坏维生素C 上海青+南瓜 降低营养价值

 1.将洗净的上海青切成细条，再切成碎末，备用。

 2.炒锅中倒入适量食用油烧热，放入肉末，炒散。

 3.淋入少许料酒、生抽，炒匀，倒入切好的上海青，翻炒均匀。

 4.加入盐，炒匀调味，注入适量清水，调至大火，煮至沸，盛出炒好的菜肴即可。

小贴士　　上海青含有糖类、胡萝卜素、膳食纤维、维生素C、钙、铁等营养成分，具有清热解毒、润肠通便等功效。

鸡丝米线

材料	鸡胸肉100克，生菜45克，水发米线300克	调料	盐2克，鸡粉4克，胡椒粉1克，水淀粉、食用油各适量

相宜	鸡肉+枸杞 补五脏、益气血 鸡肉+人参 止渴生津	相克	鸡肉+芥菜 影响身体健康

 1.洗净的生菜切碎；泡发洗好的米线切小段。

 2.洗净的鸡胸肉切成细丝，装入碗中，加1克盐、2克鸡粉、水淀粉、食用油，拌匀，腌渍约10分钟，备用。

 3.锅中注水烧开，加少许食用油、1克盐、2克鸡粉，搅拌匀，放入腌好的鸡丝，搅散，煮至变色。

 4.倒入米线，拌匀，煮至变软，撒上生菜，搅匀，用中火煮至断生，加入胡椒粉，拌匀调味即可。

小贴士　鸡肉含有蛋白质、维生素A、B族维生素、维生素D、磷、铁、铜和锌等营养成分，具有益气补血、增强免疫力、强身健体等功效。

菌菇豆腐汤

材料	白玉菇75克，水发黑木耳55克，鲜香菇20克，豆腐250克，鸡蛋1个，葱花少许	调料	盐、胡椒粉各3克，鸡粉2克，食用油、芝麻油各少许

相宜	黑木耳+马蹄　补气强身 黑木耳+草鱼　促进血液循环	相克	黑木耳+田螺　不利于消化 黑木耳+野鸭　易消化不良

1.洗净的白玉菇切去根部，再切成小段；洗好的香菇切成小块；洗净的豆腐切成小方块；洗好的黑木耳切成小块。

2.鸡蛋打入碗中，制成蛋液；锅中注水烧热，加1克盐、豆腐块，煮1分钟，倒入木耳，再煮约1分钟，捞出。

3.锅中注水烧开，加2克盐、鸡粉、食用油，放入焯过水的材料，放入香菇、白玉菇，拌匀，用中火煮约1分30秒。

4.撒上胡椒粉拌匀，倒入蛋液，拌至浮现蛋花，淋入芝麻油拌匀，盛出装碗，撒上葱花即可。

小贴士　豆腐含有蛋白质、维生素、铁、钙、磷等营养成分，具有宽中益气、调和脾胃、生津止渴、清热润燥等功效。

素蒸三鲜豆腐

材料	豆腐300克，榨菜35克，鸡蛋2个，面包糠15克，胡萝卜少许	调料	盐1克，鸡粉2克，胡椒粉、食用油各适量

相宜	豆腐+姜　　润肺止咳 豆腐+西红柿　补脾健胃	相克	豆腐+蜂蜜　易导致腹泻

 1.洗好的胡萝卜切片，再切细丝，切碎；榨菜切碎；洗净的豆腐压成泥，待用。

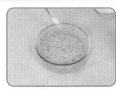 2.取一个大碗，倒入豆腐泥、胡萝卜、榨菜，拌匀，打入鸡蛋，打散调匀，加入盐、鸡粉。

 3.倒入面包糠，撒上胡椒粉，加入少许食用油，加入少许清水，搅拌匀，待用。

 4.取一个蒸碗，抹上少许食用油，倒入拌匀的食材，上蒸锅，用中火蒸熟，取出蒸碗，待稍微冷却后即可食用。

小贴士　榨菜含有胡萝卜素、膳食纤维、矿物质等营养成分，具有开胃健脾、增进食欲、缓解烦闷情绪等功效。

黄豆芽猪血汤

材料 猪血270克，黄豆芽100克，姜丝、葱丝各少许

调料 盐、鸡粉各2克，芝麻油、胡椒粉各适量

相宜
黄豆芽+黑木耳　营养更均衡
黄豆芽+牛肉　　预防感冒，防止中暑

相克
黄豆芽+皮蛋　易引起腹泻
黄豆芽+猪肝　破坏营养

1.将洗净的猪血切成小块，备用。

2.锅中注入适量清水烧热，倒入猪血、姜丝，拌匀。

3.盖上锅盖，用中小火煮10分钟，揭开锅盖，加入盐、鸡粉，放入洗净的黄豆芽，拌匀。

4.用小火煮2分钟至熟，撒上胡椒粉，淋入少许芝麻油，拌匀入味，盛出猪血汤，放上葱丝即可。

小贴士 黄豆芽含有蛋白质、维生素C、维生素B$_1$、维生素B$_2$、钙、钾、磷、铁等营养成分，具有益气补血、促进骨骼发育、清热利湿等功效。

莲藕萝卜排骨汤

材料 排骨段270克，白萝卜160克，莲藕200克，白菜叶60克，姜片少许

调料 盐少许

相宜
莲藕+羊肉　润肺补血
莲藕+猪肉　滋阴血、健脾胃

相克
莲藕+人参　药性相反

1.将洗净去皮的莲藕切开，再切滚刀块；洗好的白菜叶切成段；洗净去皮的白萝卜切开，改切成小方块。

2.锅中注入适量清水烧开，倒入洗净的排骨段，搅拌片刻，余去血水，捞出排骨，沥干水分。

3.砂锅中注水烧开，撒上姜片，倒入排骨，搅拌片刻，烧开后用小火煮至排骨熟软。

4.倒入莲藕、白萝卜，用中火煮约30分钟，放入白菜，加入盐调味，用中火煮入味，盛出排骨汤即可。

小贴士 莲藕含有蛋白质、B族维生素、维生素C、钙、磷、铁等营养成分，具有清热凉血、健脾开胃等功效。

菌菇烧菜心

材料	杏鲍菇50克，鲜香菇30克，菜心95克	调料	盐2克，生抽4毫升，鸡粉2克，料酒4毫升

相宜	菜心+豆皮　促进代谢 菜心+鸡肉　活血调经	相克	菜心+醋　破坏营养价值

1.将洗净的杏鲍菇切成小块；锅中注入清水烧开，加入料酒。

2.倒入杏鲍菇，拌匀，煮2分钟，倒入洗好的香菇，拌匀，略煮一会儿，捞出。

3.锅中注水烧热，倒入焯过水的食材，用中小火煮10分钟至食材熟软。

4.加入盐、生抽、鸡粉，拌匀，放入洗净的菜心，拌匀，煮至变软，盛出锅中的食材即可。

小贴士　　杏鲍菇含有蛋白质、维生素、钙、镁、铜、锌等营养成分，具有增强机体免疫力、降低胆固醇的含量、促进血液循环等功效。